手機版

淘寶購物操作攻略手冊

Cecilia・黃兆偉 著

目錄

CONTENTS

1 新手入門必知

2 下載、資料設置及介面介紹

實際購物方法步驟操作

附錄

CHAPTER

01

新手入門必知

Newbie must know

ARTICLE

1-1

淘寶－網購新選擇

Taobao - New Choice For Online Shopping

在網路方便的 E 世代，在網路平台上購買生活必需品、衣服、3C 商品等變成 E 世代新選擇。也因為網路的無國界，讓我們能從國際上有提供境外購物服務的網站購買商品，而在中國，也出現一個線上購物相當方便的平台「淘寶」。

淘寶（TaoBao）為中國阿里巴巴集團旗下的線上購物網站，是現今台港澳三地與馬來西亞等華人地區最大的 C2C（私對私：指個人對個人的交易形式）網路購物平台，也隨著淘寶的規模和用戶量增加，讓淘寶變成功能更多元的電子商務交易平台。

選擇淘寶的原因

淘寶吸引人的地方在哪？除了商品種類多、搜尋方式方便外，商品價格相對低廉，加上與賣家溝通便利，這些誘因都讓淘寶變成網路世代購物的新選擇。也因為是境外購物，所以消費者相對需要承擔一定的風險，除了跨境物流需要等上將近一週（或更久）的時間外，如果需要退貨，須負擔的國際運費，有時會高於購買的商品價格，這部分消費者須自行衡量可接受的程度。

搜尋方便

可以運用「拍立淘」功能，將商品拍照或直接用圖片搜尋。

同樣商品可多方比價

在淘寶有「找相似」、「找同款」的功能，可以協助用戶找到販售相同或相似商品的店鋪，並從中比較商品評價、價格，再購買商品。

商品價格低廉

淘寶的商品價格都較低廉，同樣物品的價格有可能比當地低。且如果有大量購買的商品時，可以跟店家議價，也是批貨者的另一個選擇。

商品種類眾多

淘寶的商品品項多，有時能找到在用戶所在地相對難買的物品。

官方集運便利且運費低

淘寶官方的集運物流，讓買家能集貨後，再一併寄送回用戶所在地，能省下單件寄送的運費。

第三方支付保障權益

淘寶的第三方支付（支付寶），讓買家能在確定收到商品後，再支付款項給店家，對於買家相對有保障。

與店家聯繫便利

在消費過程中若有疑問，可使用旺信（阿里旺旺）與店家直接連絡。

隨時追蹤商品物流

下訂單後，可以隨時追蹤商品的物流情況。

淘寶 APP 的種類與差別

淘寶官方分別於 Android 與 iOS 兩大行動裝置作業系統中推出淘寶的 APP，提供給台港澳地區的客戶端使用（海外各地區的淘寶 APP 雖介面略為不同，但操作方式大同小異），分別為：手機淘寶、淘寶 Lite 與淘寶特價版。

手機淘寶

為完整版的淘寶，擁有完整的功能與搜尋引擎，並整合天貓網與淘寶網的商品，讓用戶可以一次搜尋並購買。

Android 版下載介面

iOS 版下載介面

淘寶 Lite

前身為「淘寶全球版」，現更名為「淘寶 Lite」，為給台港澳地區的使用者使用。介面相對精簡，只是在使用 Android 作業系統時，會要求給予撥打電話的權限，若對安全有疑慮的使用者須多加注意。

Android 版下載介面

iOS 版下載介面

淘寶特價版

淘寶特價版的商品大多是特價商品，主打低價市場與希望節省開支的客群，並另外建立特價購物車的按鈕，供用戶使用。

Android 版下載介面

iOS 版下載介面

淘寶 APP 比較

本書示範說明

書中操作以「手機淘寶 APP：中國大陸地區」為主，因在商品的展示上較多元，能找到相對冷門的商品，但若想要以當地的使用介面為主，則可至首面介面右上角點選「地區 📍」，更改至用戶所在地區。

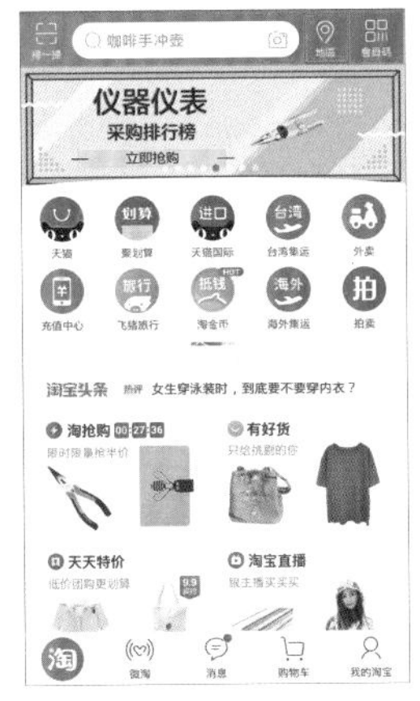

中國大陸介面

可更改所在區域

所在區域介面差異

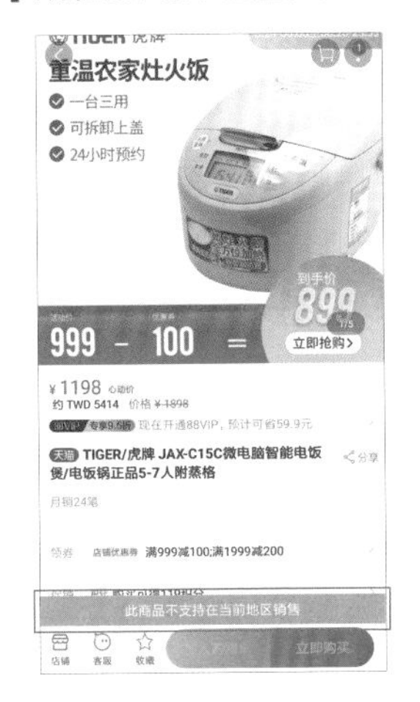

若不可購買或不支援集運，會顯示「此商品不支持在當前地區銷售」。

❶ 會標示當地定價。

❷ 商品介面上的「服務」，會顯示可使用的物流。

ARTICLE

1-2

選擇店鋪要領及購物撇步

Choose Shop Essentials & Shopping Steps

選擇店鋪要領

淘寶店鋪與商品多到玲瑯滿目，同一種東西可以在不同店鋪找到相異的價格與評價，但也因為對於境外用戶來說，須承擔商品退換貨不易及國際運費高的風險，所以更要仔細挑選店鋪，並詢問商品細節，以得到滿意的購物體驗。

而我們在初步挑選店鋪時，可以針對評價、交易成交數量等各方面進行初步篩選，再詢問店家客服想知道的商品訊息。

交易成交數量

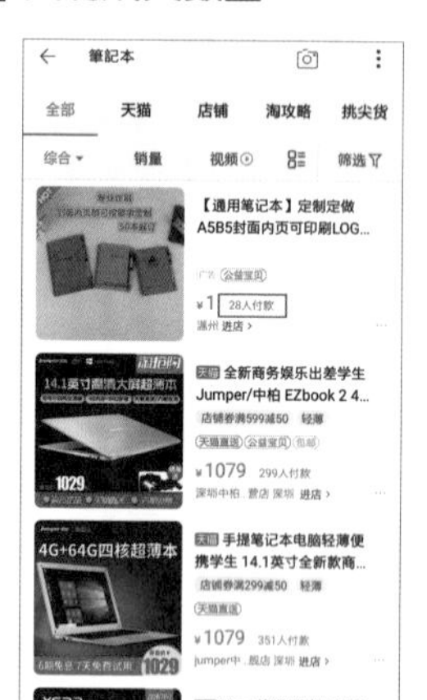

成交數量越多（介面顯示多少人付款），代表用戶對於該商品的購買意願高，除了 CP 值外，也有可能是用戶對店鋪的信賴程度高，所以若在搜尋時找到相同商品，可以針對交易成交數量做比較。

店鋪評價分數

淘寶官方會在用戶收到商品後，請用戶針對：店鋪對商品的描述、服務品質、物流服務做評分，所以用戶在購買商品時，也可以依據用戶給店鋪的評分，決定是否要在這家店鋪購買商品。

評價級別

淘寶官方替店鋪的信用等級做出計算，好評愈高就愈高分，而每個等級都有相對應的圖示。

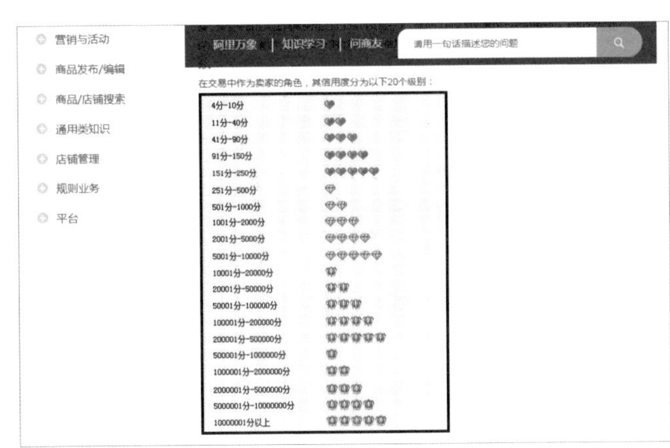

購物撇步

網路購物因無法看到實體商品，所以在選擇商品上，要更小心，以免買到品質與想像不符的商品。

查看商品評論

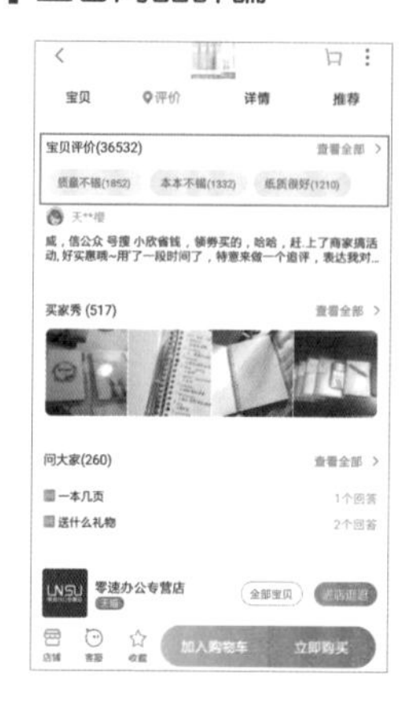

可以詢問已購買過商品的買家，或是從買家的評論中決定是否要購買這個商品。

仔細分辨預覽圖與實物圖

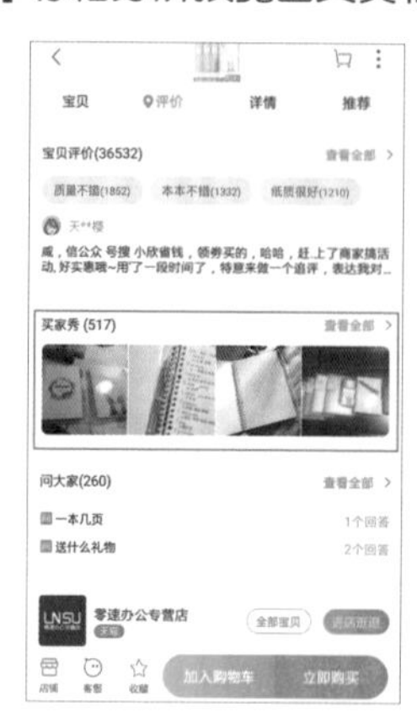

在購買時可比較預覽圖和實物圖（可從買家秀中看到），因實物與照片難免會有落差，用戶可評估自己可接受的程度。

使用旺信與賣家連絡

淘寶官方認可的連繫方式為「旺信」，若使用其他的聯繫方式淘寶官方是不承認的，因此在連繫賣家時須使用旺信，以避免日後有爭議或是需要淘寶官方出面解決的時候，才有憑據。

收到商品後才可點「收貨」

在點選收貨前，須先確定集運商有收到貨才可點選。但若用戶在收到貨後，產生退貨的狀況時，須先點選延長收貨，以免系統在預設收貨天數到時，自動將款項轉給店家。

選擇適合物流，節省運費

淘寶官方提供直送和集運的方法供用戶選擇，而集貨是將購買的商品，寄送到指定集貨倉，並在到達一定的重量及件數後，用戶再指定集運的包裹，並由集貨倉將商品合包後，統一寄到用戶的指定地點，藉此省下單件寄送的運費。

直送就是將商品直接寄送到用戶的指定地點，所以寄送一件商品，就要支付一次國際運費，雖不須經過集運倉集貨，會較省時，相對就要支付較高的國際運費，所以如是購買單件商品的用戶，可選擇直送，但並非每個店家都有提供寄送海外的服務，所以用戶在購買時要特別注意，並事先詢問店家客服。

物流方式	集運	直送
總體運送費用	較低	較高
物品送達時間	較長	較短

ARTICLE

1-3

淘寶用語全收錄

Taobao Language

因淘寶賣家大多數是中國的使用者，因此對於境外用戶會有些用語上的不習慣，所以以下整理一些在淘寶上較常用到的用語，供用戶參考。

用語	意思
寶貝	商品與貨物的暱稱。
親	指「親愛的」，通常是店家稱呼買家的暱稱。
拍、拍下	拍賣、下訂，為購買或下訂的口語詞。
發貨	出貨。
包郵	包含運費，通常指中國境內免運。
打款	匯款給買家。
走量	即薄利多銷，大多是議價後店家會説的話。
拉黑	指加入黑名單裡，被加入黑名單的用戶無法看見對方的店面。
現貨	指庫存。
質量	質感。
批價	批貨的價格。
甩賣	商品以低價售出。
正品	原廠，非仿冒品。

CHAPTER

02

申請帳號及基本介面介紹

Application account & basic interface introduction

ARTICLE

2-1

下載淘寶 APP

Download Taobao App

2-1-1 iOS 下載

01

點選「App Store」。

02

點選「搜尋」。

03

在搜尋列中輸入「淘寶」。

04

點選「搜尋」。

05

點選「取得」。

06

下載完後，點選「開啟」。

2-1-2 Android 下載

01

點選「Play 商店」。

02

點選「搜尋列」。

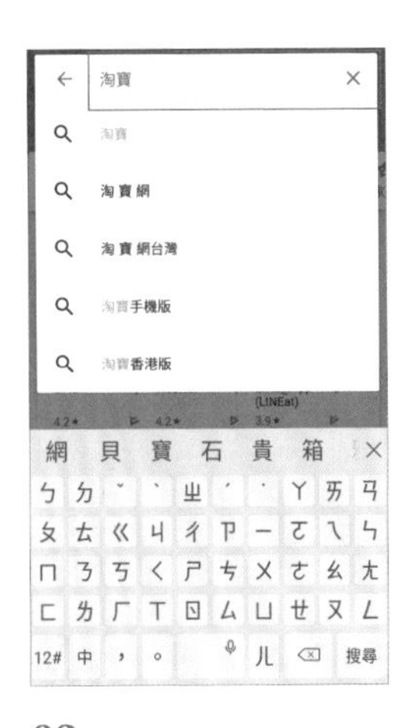

03

在搜尋列中輸入「淘寶」。

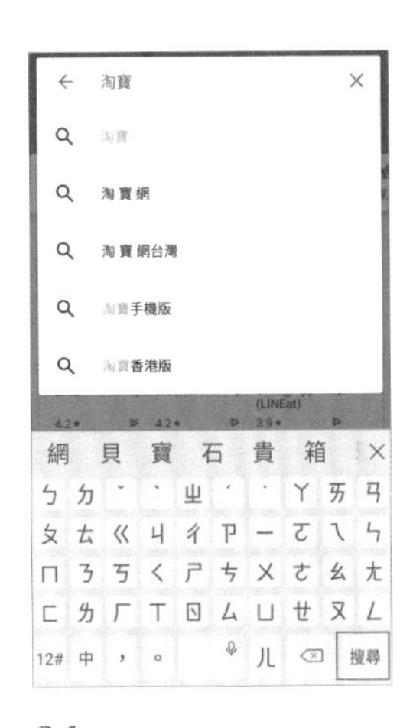

04

點選「搜尋」。

05

點選「安裝」。

06

下載完後，點選「開啟」。

ARTICLE

2-2

創建帳號

Create An Account

2-2-1 開啟淘寶 APP

01

點選「手機淘寶」。

02

進入淘寶前的跳轉介面。

03

進入淘寶首頁。

2-2-2 創建淘寶帳號

01

點選「注(註)冊/登錄」。

02

選擇用戶所在的地區。

03

填寫手機號碼。

04

點選「獲取驗證碼」。

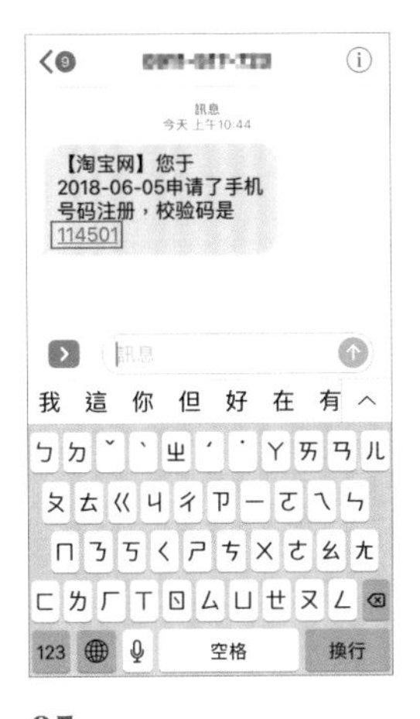

05

查看簡訊驗證碼。

06

若沒收到簡訊驗證碼，可在系統設定等待秒數後重新獲取。

07

輸入驗證碼。

08

點選「同意協議並注（註）冊」，即完成註冊，系統會自動登入淘寶。

2-2-3 登入淘寶

METHOD 01 手機號碼登入

M101
點選「立即登錄」。

M102
輸入註冊的手機號碼。

M103
點選「獲取驗證碼」。

M104
查看簡訊中的驗證碼。

M105
若沒收到簡訊驗證碼，可在系統設定的等待秒數後重新獲取。

M106
輸入驗證碼。

M107

點選「登錄」。

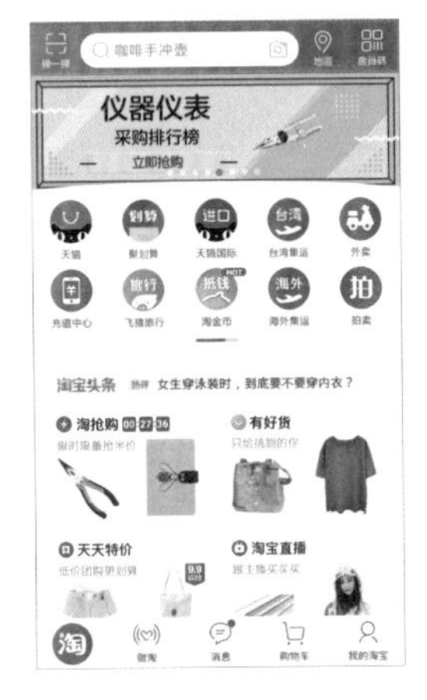

M108

系統將自動跳轉至淘寶首頁。

METHOD 02 帳戶名登入

M201

點選「立即登錄」。

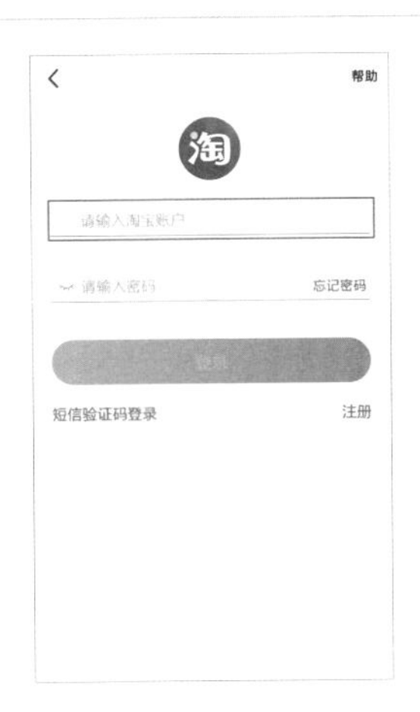

M202

輸入淘寶帳戶名。

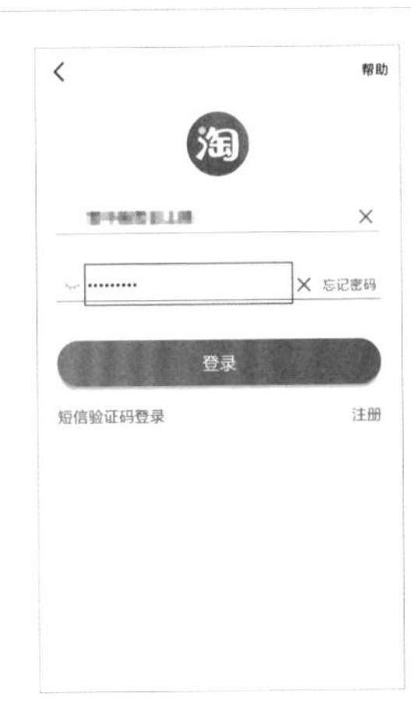

M203

輸入淘寶密碼。

M204
點選「 」，可檢視輸入的密碼。

M205
系統會展示出用戶輸入的密碼。

M206
點選「登錄」。

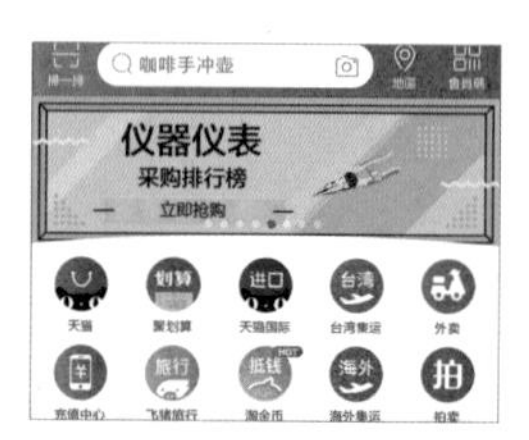

M207
系統將自動跳轉至淘寶首頁。

2-2-4 忘記密碼

忘記密碼只會在「使用帳戶名」登入時出現，如果是使用手機號碼登入的用戶，則會以輸入簡訊驗證碼為主。

01
點選「忘記密碼」。

02
介面跳轉至「找回密碼」。

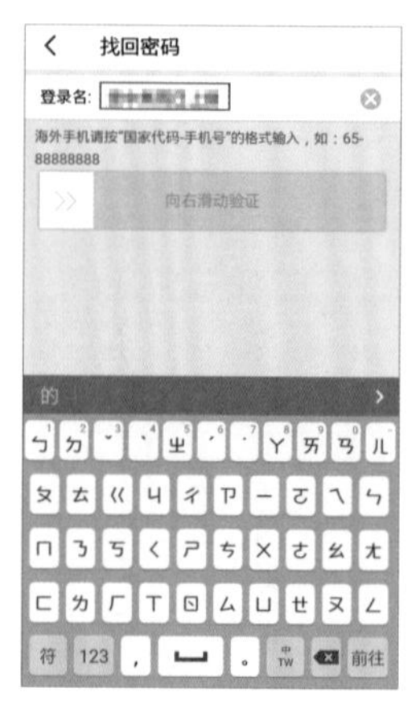

03
輸入登錄名。

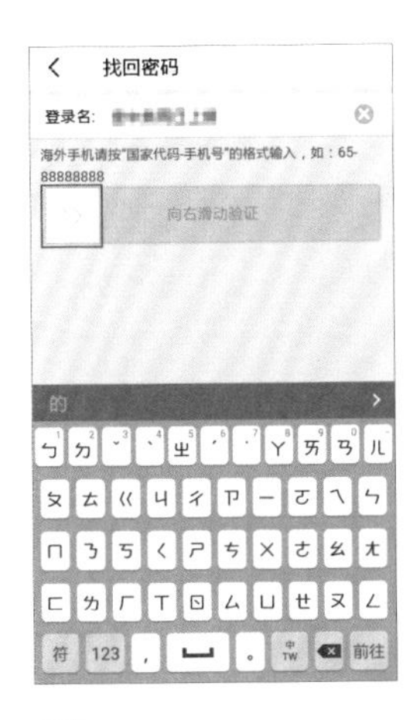

04

用手按住「»」，並向右滑動，以驗證帳戶。

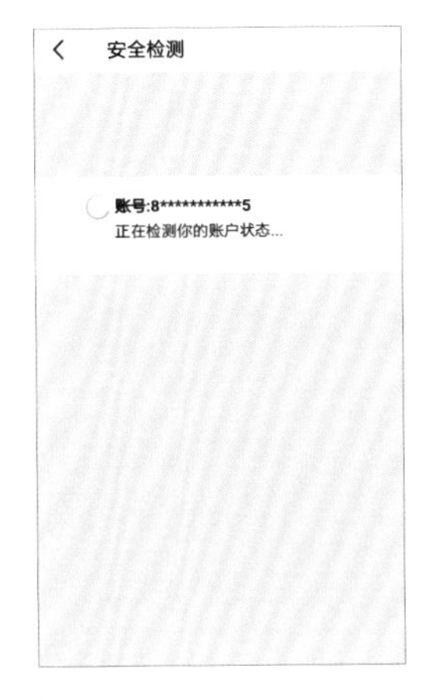

05

系統會自動跳入安全檢測的介面，檢測用戶的帳戶狀態。

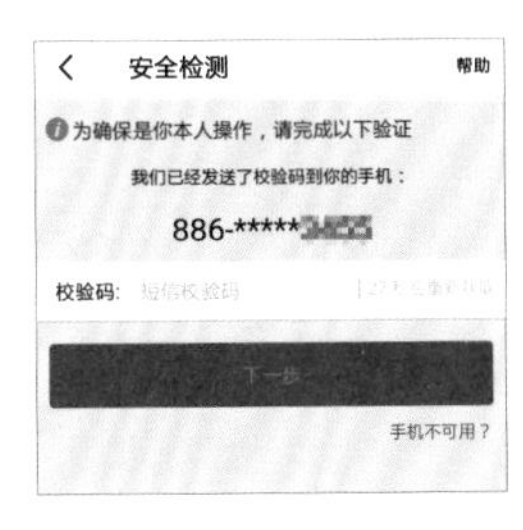

06

檢測完畢後，系統會跳轉至輸入校驗碼的介面。

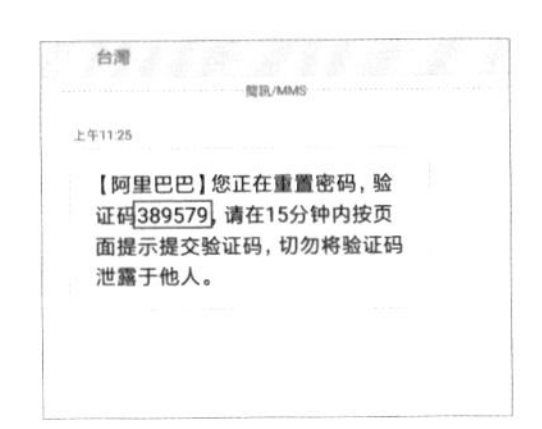

07

查看簡訊中的驗證碼。

08

輸入驗證碼。

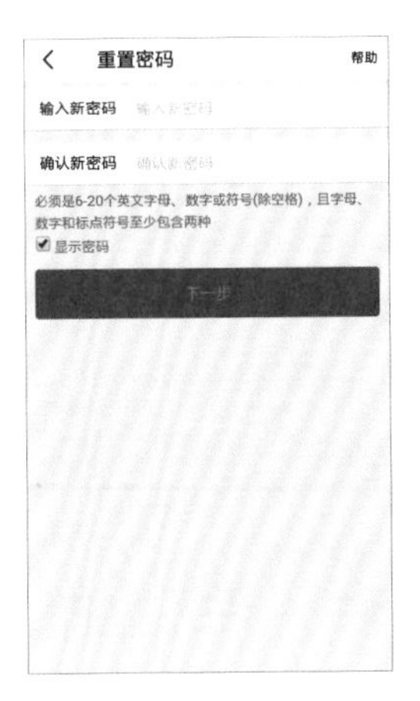

09

介面跳轉至「重置密碼」。

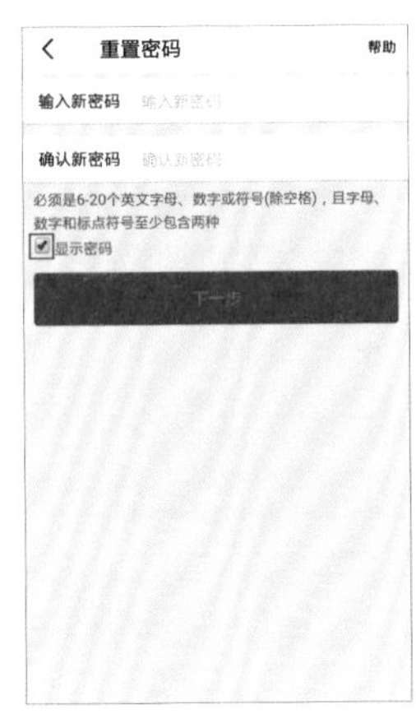

10

系統預設輸入時會顯示密碼，若不想顯示可點「✔」取消。

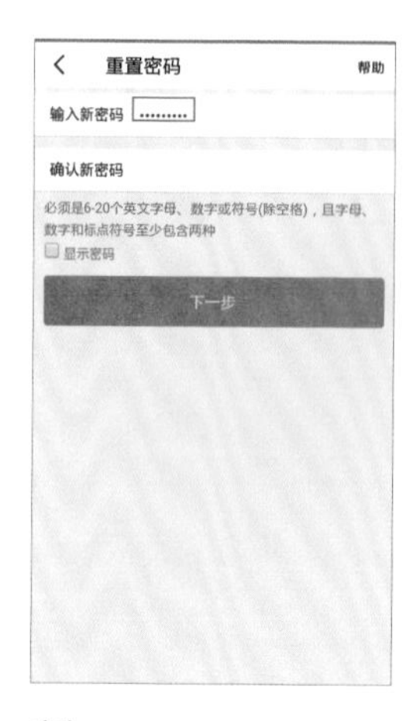

11

輸入新密碼。

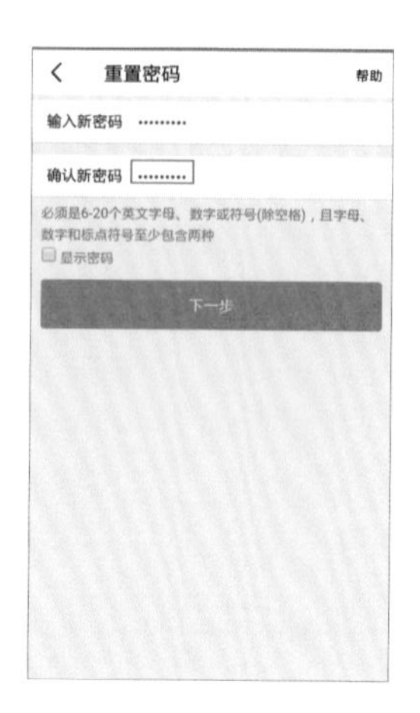

12

再次輸入新密碼。

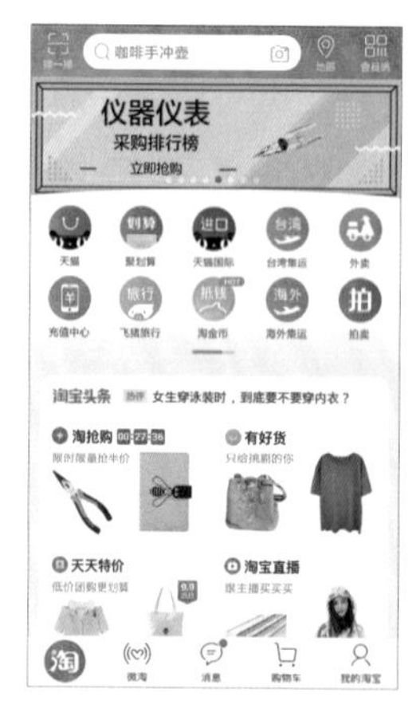

13

更改完成後，系統將自動轉至淘寶首頁。

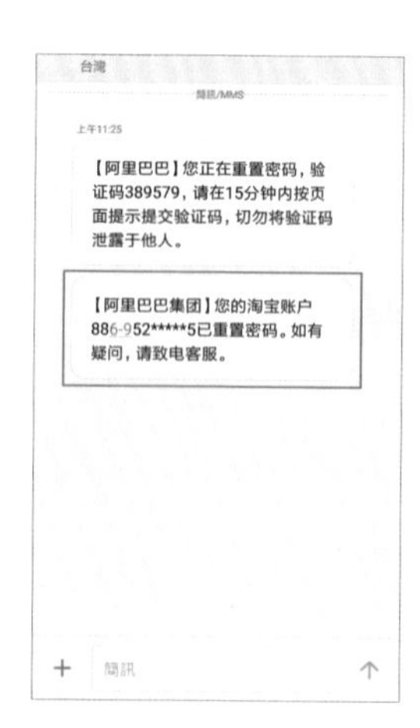

14

淘寶會寄送確認簡訊至綁定的手機。

ARTICLE

2-3

功能列介面介紹

Interface Introduction

淘寶的功能列主要在介面的最下方，包含首頁、微淘、消息、購物車和我的淘寶，以下將會針對各介面做簡易的說明。

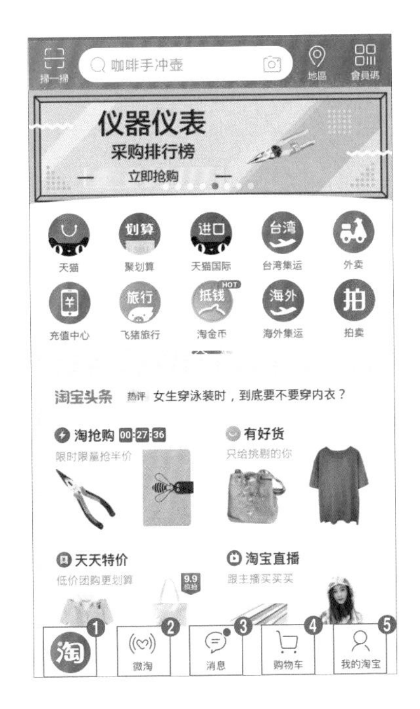

❶「首頁」介面說明請參考 P.30。
❷「微淘」介面說明請參考 P.31。
❸「消息」介面說明請參考 P.32。
❹「購物車」介面說明請參考 P.33。
❺「我的淘寶」介面說明請參考 P.33。

2-3-1 「首頁」介面介紹

當我們進入淘寶時，會直接進入淘寶的首頁，以下將簡介首頁的介面讓用戶能大致了解首頁的環境。

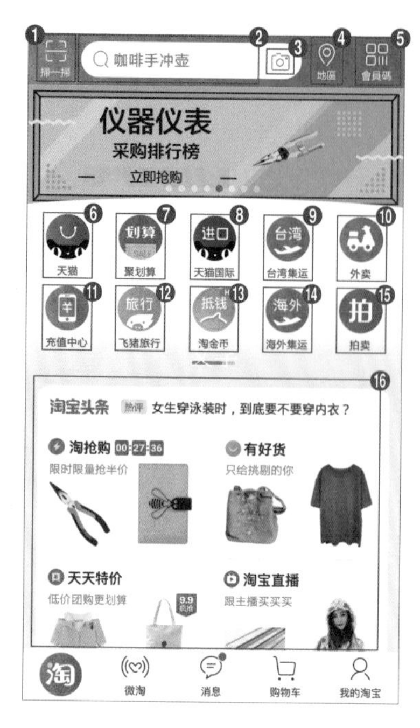

【註：第 6 至第 15 的項目，淘寶官方會因活動不定期更改，用戶只須點進去，即可知道最近的活動。】

❶ 掃一掃	可用來掃描條碼和二維碼（QR code）。
❷ 搜尋列	可直接輸入要搜尋的物品名，藉此來搜尋有販售該物品的店鋪。
❸ [相機圖示]	可用照相或圖片的方式搜尋物品，找到有販售該物品的店鋪。
❹ 地區	可選擇自己所在的國家。
❺ 會員碼	開啟會員碼服務後，可藉由加入品牌會員，享有該品牌提供的折扣、會員積分等服務。
❻ 天貓	可連結至天貓的介面，但不是天貓本身的 APP。
❼ 聚划算	會顯示正在特賣或是購入後會返紅包（紅利）的商品。
❽ 天貓國際	可連結至天貓國際的介面，主要以海外商品為主。
❾ 台灣集運	如果有使用集運的用戶（針對台灣），會進入集運的介面，可檢視訂單、未集運商品等。
❿ 外賣	可連結至淘寶外賣的介面，主要以販售食品為主。
⓫ 充值中心	可用來儲值電話費、網路流量等，主要以中國的電話號碼為主。
⓬ 飛豬旅行	可購買機票、飯店、門票等和旅遊相關的物品外，還可查詢當地的景點。
⓭ 淘金幣	可每日簽到領取金幣，用來折抵購物金額。
⓮ 海外集運	如果有使用集運的用戶（針對海外），會進入集運的介面，可檢視訂單、未集運商品等。
⓯ 拍賣	可檢視正在拍賣物品，用戶可出價購買。
⓰ 商品推薦	淘寶官方除了會針對用戶先前搜尋過的商品做展示外，還會針對特賣商品、生活用品、衣服等不同主題做推薦，用戶可往下滑自行檢視。

2-3-2 「微淘」介面介紹

微淘主要是為了淘寶賣家而設置，透過發訊息的方式讓有關注某個店鋪的粉絲可以看到賣家的最新訊息，可用來維護賣家的粉絲。而如果用戶沒有特定關注的店鋪，淘寶官方則會放上他們推薦的店家供用戶參考。

❶ 關注　用戶可在此檢視他們關注店鋪所發的訊息。

❷ 上新　關注的店鋪有更新商品時，用戶皆可即時看到。

❸ 推薦　淘寶官方推薦的店鋪文章。

❹ 曬單　會展示出其他買家購買的商品開箱文，以有圖片的為主。

❺ 家居　放置與日常生活有關的文章，讓有興趣的用戶可以關注該店鋪。

❻ 美搭　放置與穿搭有關的文章，讓有興趣的用戶可以關注該店鋪。

❼ 潮 sir　放置與潮流有關的文章，讓有興趣的用戶可以關注該店鋪。

❽ 汽車　放置與汽車有關的文章，讓有興趣的用戶可以關注該店鋪。

❾ 美食　放置與美食有關的文章，讓有興趣的用戶可以關注該店鋪。

❿ 美妝　放置與彩妝有關的文章，讓有興趣的用戶可以關注該店鋪。

⓫ 母嬰　放置與親子有關的文章，讓有興趣的用戶可以關注該店鋪。

⓬ 數碼　放置與數位 3C 有關的文章，讓有興趣的用戶可以關注該店鋪。

⓭ 園藝　放置與盆栽等園藝有關的文章，讓有興趣的用戶可以關注該店鋪。

⓮ 運動　放置與運動用品有關的文章，讓有興趣的用戶可以關注該店鋪。

⓯ 海外　放置與國際資訊有關的文章，讓有興趣的用戶可以關注該店鋪。

⓰ 視頻　放置各式主題的影片，讓有興趣的用戶可以觀看並關注該店鋪。

⓱ 品牌　放置與知名品牌有關的資訊，讓有興趣的用戶可以關注該店鋪。

⓲ 🔍　可運用搜尋功能，找到相關的資訊。

⓳ 👤　可運用此功能管理用戶關注過的店鋪。
【註：我的關注介面介紹請參考 P.32。】

2-3-2-1 我的關注

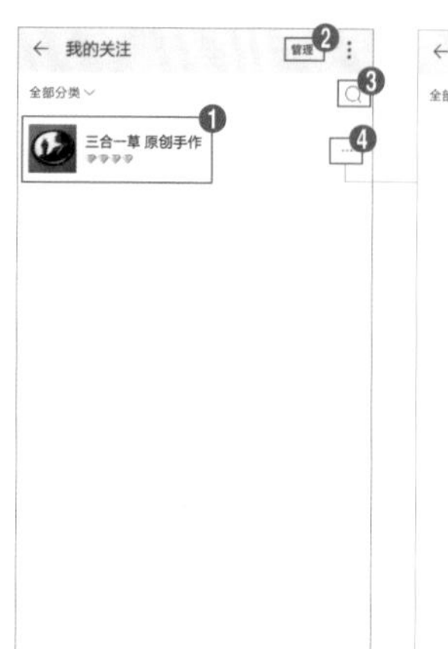

❶ 關注店鋪	查看用戶關注的店鋪。
❷ 管　　理	管理所有關注的店鋪。
❸ 🔍	搜尋、查找用戶關注的店鋪。
❹ 特定管理	針對某一關注店鋪做管理。
❺ 屏蔽動態	關閉追蹤關注店鋪的動態。
❻ 特別關注	特別關注店鋪的動態，點選後未來該店鋪的訊息就能搶先看到。
❼ 取消關注	取消關注該店鋪。

2-3-3　「消息」介面介紹

與訊息有關的資訊都可以在這邊查找到。

❶ 未讀消息	會顯示用戶還有幾條未讀訊息。
❷	可以將所有未讀訊息變成已讀。
❸ 通 訊 錄	可以查看我的關注、淘友等與人際有關的介面。
❹ ＋	點選「＋」，會顯示發起聊天、添加淘友、掃一掃的功能。
❺ 發起聊天	可以和單一淘友（在淘寶成為朋友的人）聊天，並組一個群組聊天。
❻ 添加淘友	可以用會員名、掃二維碼（QR code）或生成該用戶的淘口令複製給對方，讓他們可以成為自己的淘友。
❼ 掃 一 掃	進入掃二維碼（QR code）、條碼的介面。
❽ 交易物流	查看物流訊息、訂單狀態等與交易相關的訊息。
❾ 通　　知	淘寶官方通知用戶近期活動等相關資訊。
❿ 互　　動	淘寶的互動消息都可在此查找。

2-3-4 「購物車」介面介紹

❶ **管理** 可以刪除、清理等購物車裡面的商品。

❷ **寶貝** 已加入購物車內的商品。

❸ **全選** 可將購物車內的商品一次圈選，除了可以結算商品外，也可以一次管理商品。

❹ **結算** 點選要購買的商品後，點選結算會進入付款的介面。

2-3-5 「我的淘寶」介面介紹

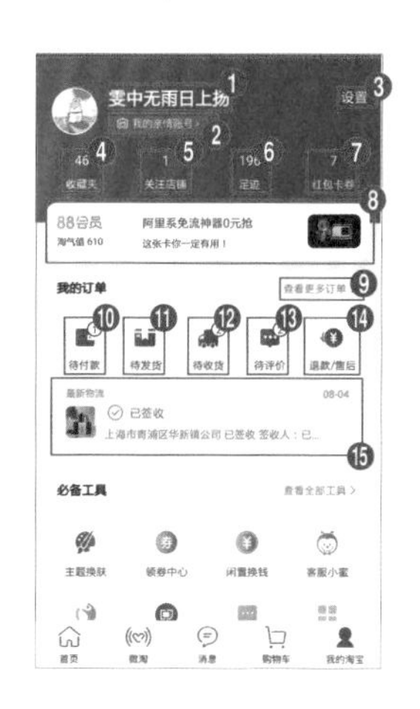

❶ **個人資料** 可設置淘寶頭像、會員名稱等基本資料。

❷ **我的親情帳號** 可和家人的淘寶帳號做連結。

❸ **設置** 可設定收貨地址、支付寶等與帳戶安全有關的設置。

❹ **收藏夾** 可查看已收藏的商品。

❺ **關注店鋪** 可查看已關注的店鋪。

❻ **足跡** 可查看進入過的店鋪。

❼ **紅包卡券** 可查看官方或店鋪給的優惠券。

❽ **活動** 淘寶官方會不定時舉辦活動，在這邊也可查看，並點選進入。

❾ **查看更多訂單** 可查看所有的歷史訂單。

❿ **待付款** 可查看未付款的訂單。

⓫ **待發貨** 可查看未發貨的訂單。

⓬ **待收貨** 可查看未確認收貨的訂單。

⓭ **待評價** 可查看未給予評價的訂單。

⓮ **退款／售後** 可查看已退款的訂單。

⓯ **最新物流** 可查看近期的物流。

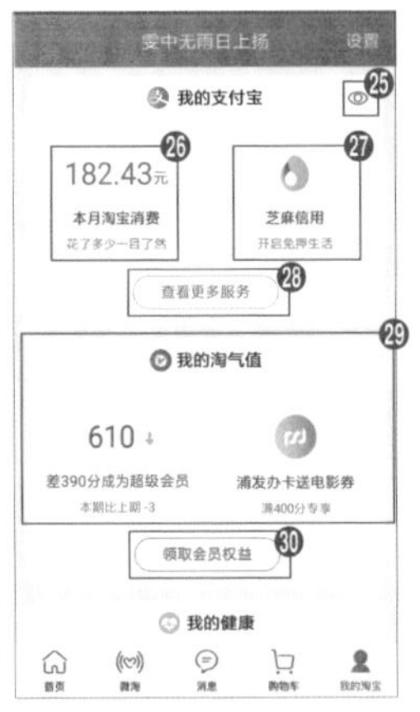

⑯ 主題換膚	可更換背景主題。
⑰ 領券中心	可查看優惠券與折價券。
⑱ 閒置換錢	可將舊物與淘寶商品轉賣的介面。
⑲ 客服小蜜	為淘寶 AI 客服人員，遇到問題時可以傳送訊息詢問。
⑳ 花　　唄	可進行信用借貸的服務。
㉑ 阿里寶卡	可進行線上租賃網路的服務。
㉒ 我的評價	可查看自己之前寫下的評論。
㉓ 更　　多	可查看其他工具，如日曆、居家服務等。
㉔ 淘寶遊樂園	淘寶內建的小遊戲。
㉕ ◎	點擊「◎」可屏蔽消費的金額。
㉖ 淘寶消費	顯示本月在淘寶的消費金額。
㉗ 芝麻信用	開通後，可累積用戶的信用，藉此得到更優質的服務。
㉘ 查看更多服務	可查看用戶的支付寶狀態，包含資產、綁定的銀行卡等。
㉙ 我的淘氣值	依購買力、與賣家的互動、信譽做評級，等級愈高，可獲得紅包或代金券。
㉚ 領取會員權益	會依據不同活動，給予用戶紅包等回饋。
㉛ 我的健康	開啟後，可以設定管理體重的方案。
㉜ 我的淘必中	為具有營銷購物功能的娛樂活動。

ARTICLE

2-4

基本資料設置

Basic Data Settings

2-4-1 個人資料設置

個人資料設置包含用戶大頭貼、會員名、暱稱、性別等基本設定，用戶可自行選擇是否要更改，但要注意的是，會員名只能設置一次，之後就不能修改，所以用戶在輸入時須特別注意。

點選「 」，進入個人資料設置。

2-4-1-1 設置淘寶頭像

01

點選「淘寶頭像」。

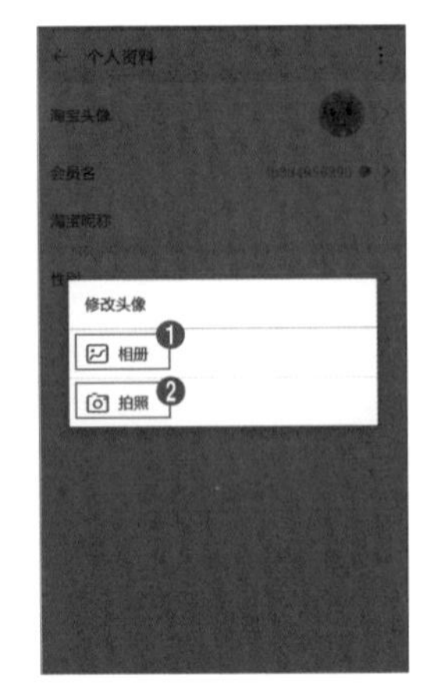

02

跳出修改頭像的小視窗，可選擇使用相冊或拍照更改。

❶ Method 01 相冊。【註：步驟請參考 P.36。】

❷ Method 02 拍照。【註：步驟請參考 P.38。】

METHOD 01 相冊

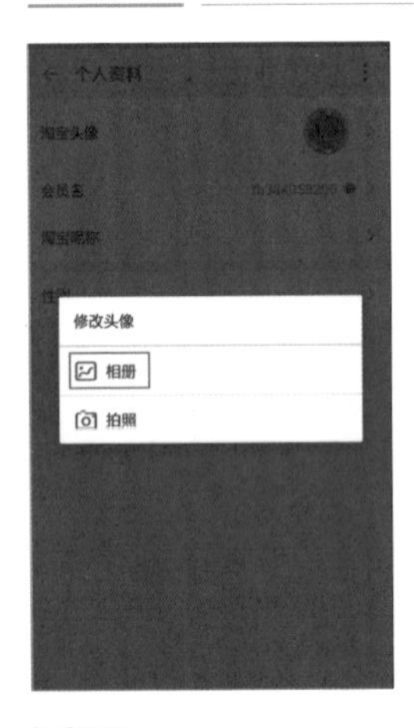

M101

點選「相冊」。

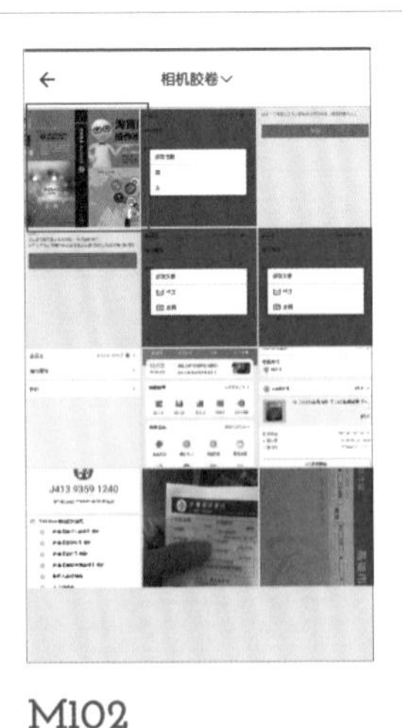

M102

進入相機膠卷，並選擇要使用的相片。

M103

將照片移動至要裁切的範圍。

M104

點選「確定」。

Ⓐ 直接上傳

A01

點選「⊘」。

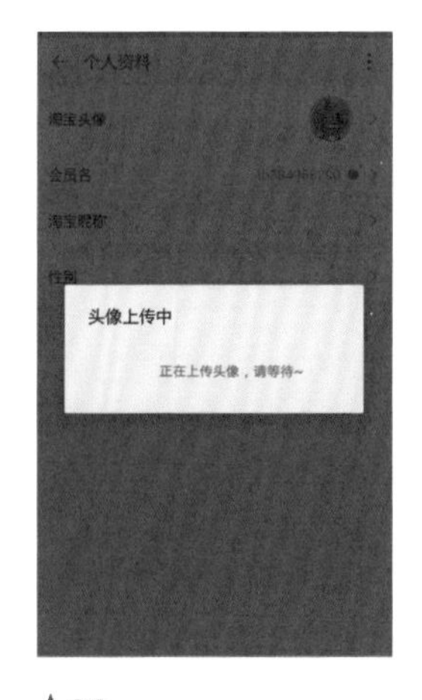

A02

照片上傳介面。

A03

頭像設置完成。

Ⓑ 使用濾鏡

B01

點選「濾鏡」。

B02

選擇要使用的濾鏡。

B03

確定之後，點選「⊘」。

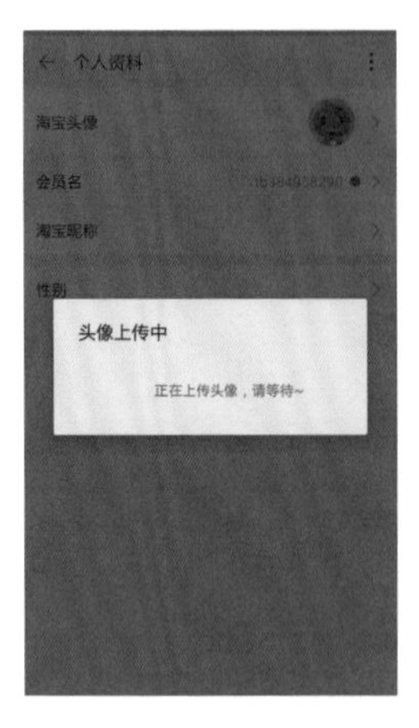

B04
照片上傳介面。

B05
頭像設置完成。

METHOD 02 拍照

M201
點選「拍照」。

M202
確定要拍照的景像，並點選「●」。

M203
確定之後點選「使用照片」。【註：若要重新拍攝，可點選「重拍」，回到步驟 M202。】

M204
將照片移動至要裁切的範圍。

M205
點選「確定」。

Ⓐ 直接上傳

A01
點選「 ⊘ 」。

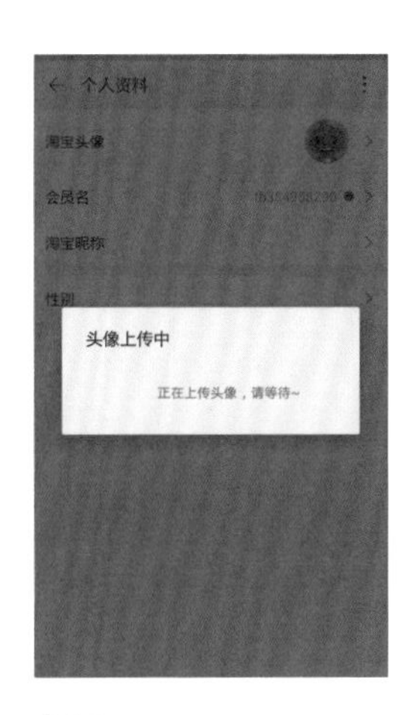

A02
照片上傳介面。

A03
頭像設置完成。

❸ 使用濾鏡

B01

點選「濾鏡」。

B02

選擇要使用的濾鏡。

B03

確定之後，點選「⊘」。

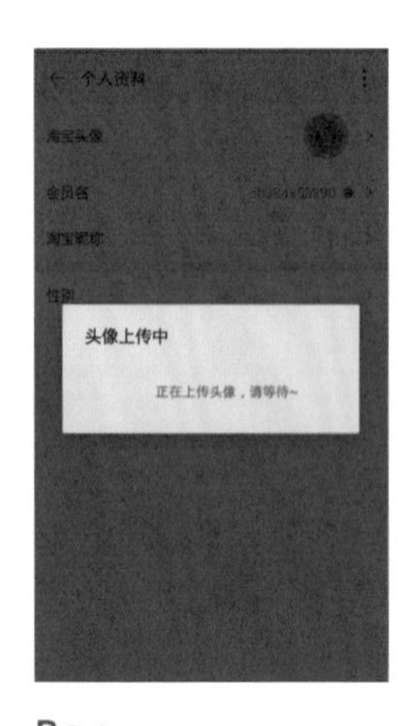

B04

照片上傳介面。

B05

頭像設置完成。

2-4-1-2 設置會員名

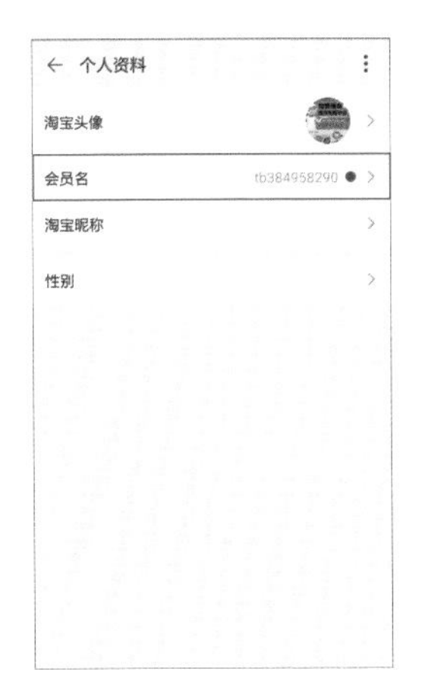

01

點選「會員名」。

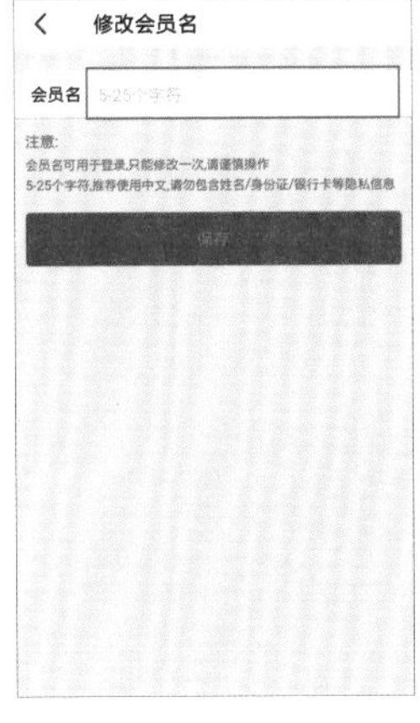

02

輸入要使用的會員名稱。【註：須輸入五個以上的字符，中、英文皆可。】

03

閱讀注意事項。【註：須注意修改完後，就不能再更改。】

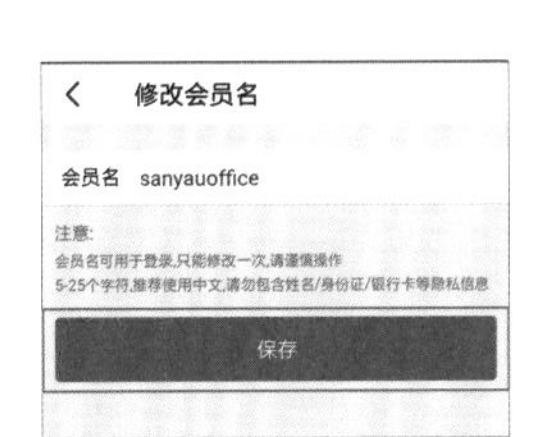

04

點選「保存」。

2-4-1-3 設置淘寶暱稱

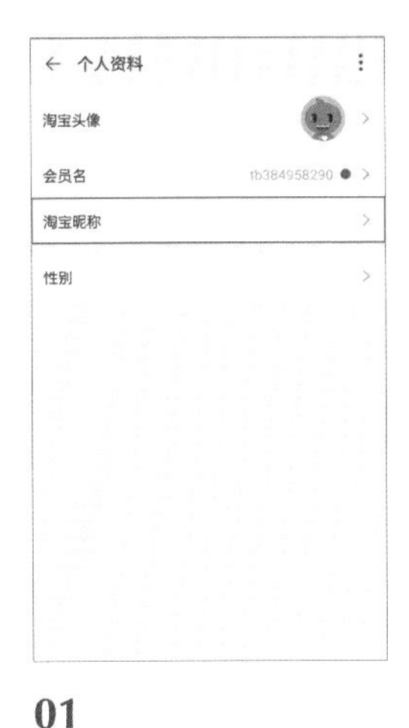

01

點選「淘寶暱稱」。

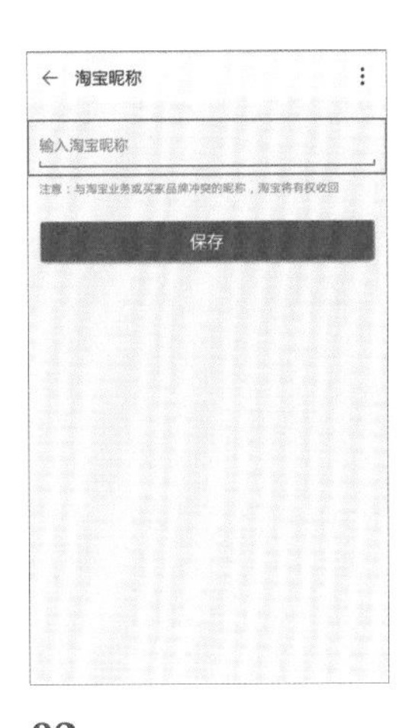

02

輸入想要使用的暱稱。

03

點選「保存」。

2-4-1-4 設置性別

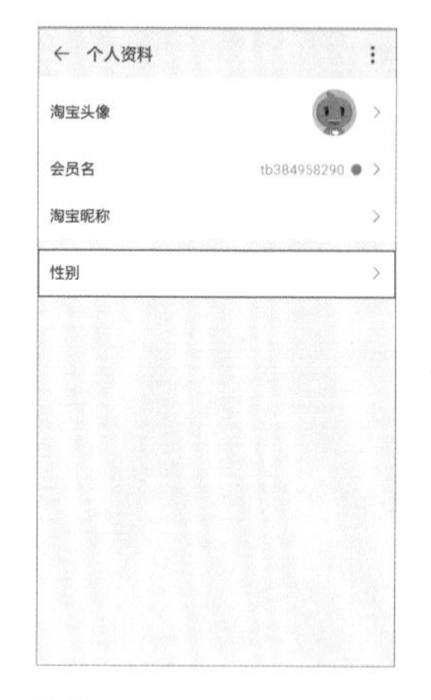

01

點選「性別」。

02

選擇性別。

03

點選後，系統將自動跳轉至個人資料介面。

2-4-1-5 「⋮」按鈕

01

點選「⋮」按鈕。

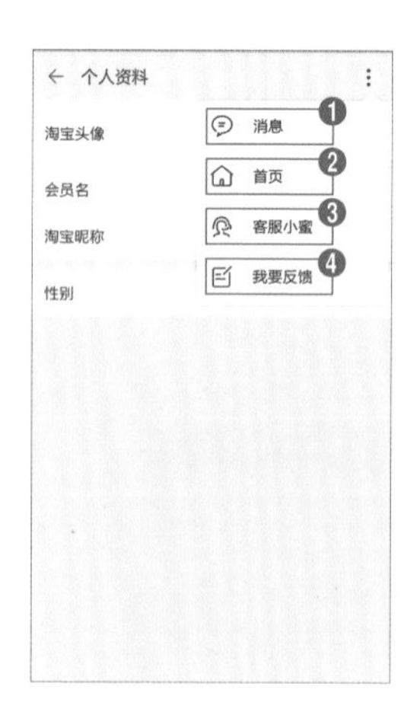

02

❶ 可點選「消息」跳轉至消息介面。

❷ 可點選「首頁」跳轉至淘寶首頁。

❸ 可點選「客服小蜜」跳轉至客服介面。

❹ 可點選「我要反饋」跳轉至反應問題的介面。

2-4-2 其餘設置

在其餘設置中可以設置收貨地址、修改電話號碼，以及修改密碼、注銷帳戶等和隱私權相關的部分做修改，用戶可以針對需求設定。

01

點選「設置」，進入其他資料設置。

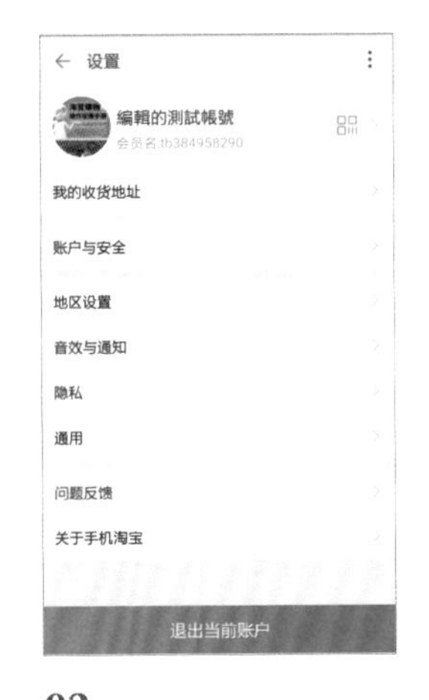

02

進入設置介面。

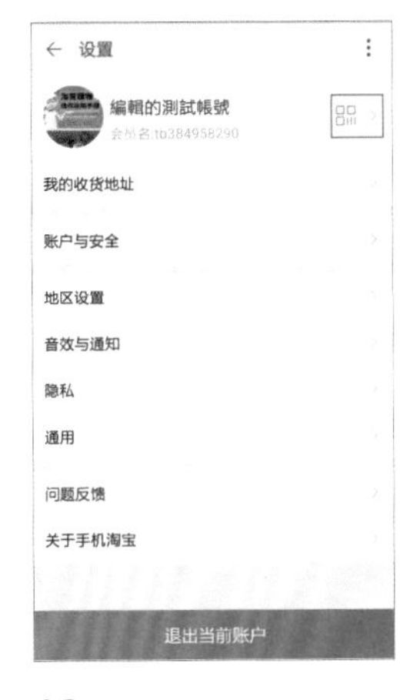

03

點選「品 >」會進入個人資料設置介面。【註：個人資料設置可參考 2-4-1 個人資料設置 P.35。】

2-4-2-1 我的收貨地址

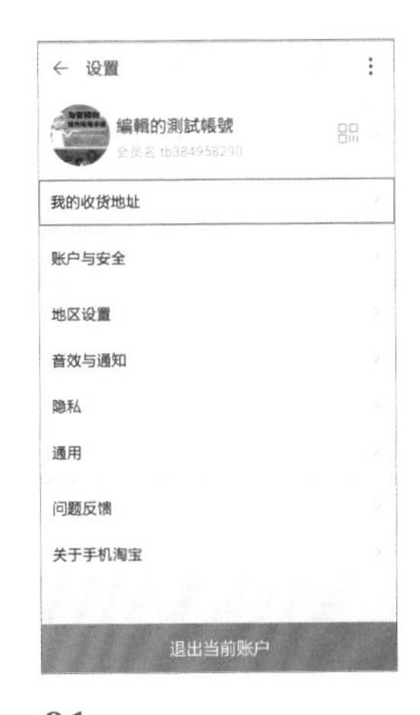

01

點選「我的收貨地址」。

02

點選「添加收貨地址」。

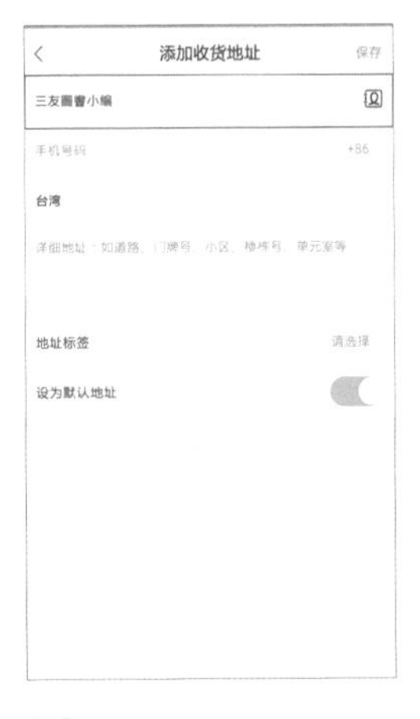

03

填入收件人名字。

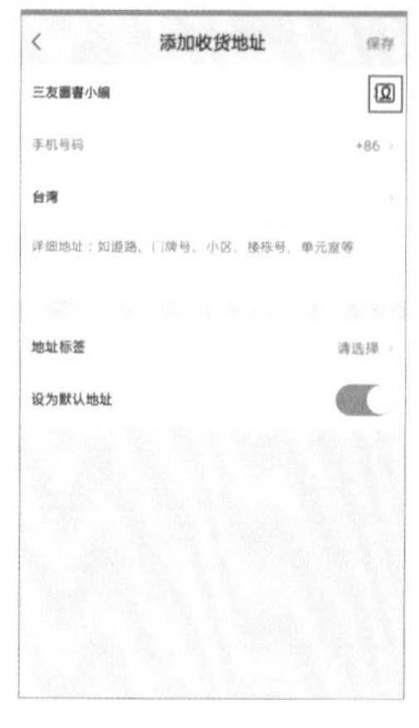

04

點選「Ω」可選擇連絡人。【註：若沒連絡人此步驟可跳過。】

05

點選「+86 ＞」。

06

點選用戶所在地。【註：以下以台灣為例。】

07

輸入電話。

08

點選「＞」。

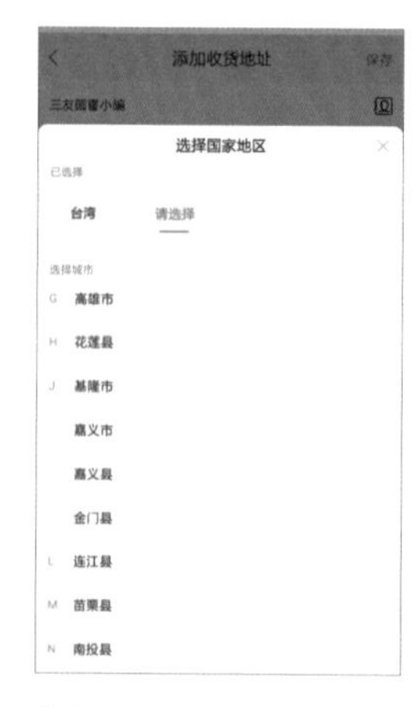

09

點選用戶所在縣市。

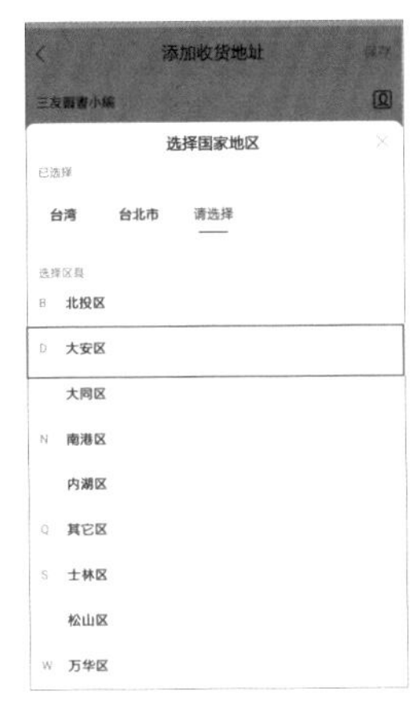

10

點選用戶所在地區。

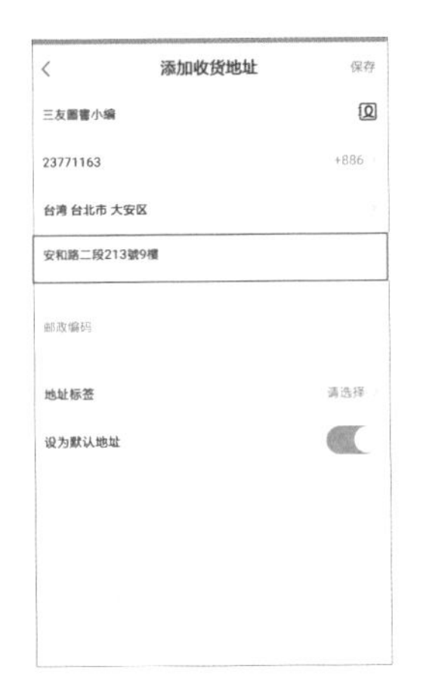

11

輸入收件地址。

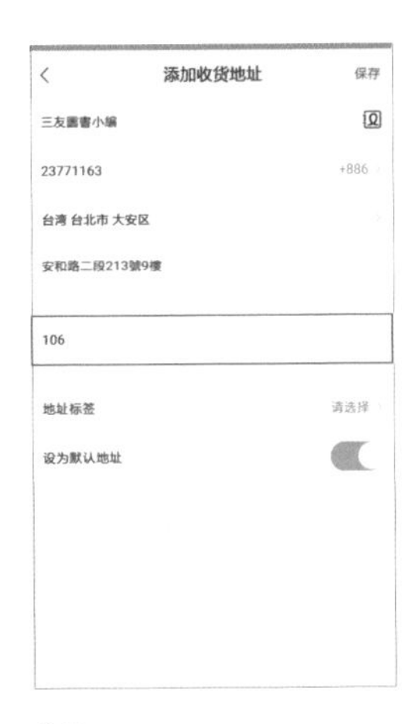

12

輸入郵遞區號。

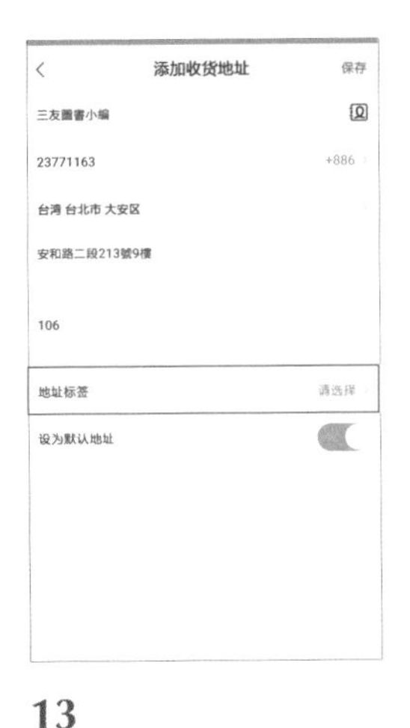

13

點選地址標籤。【註：此步驟可依需求選擇，若不操作可直接跳到步驟 16。】

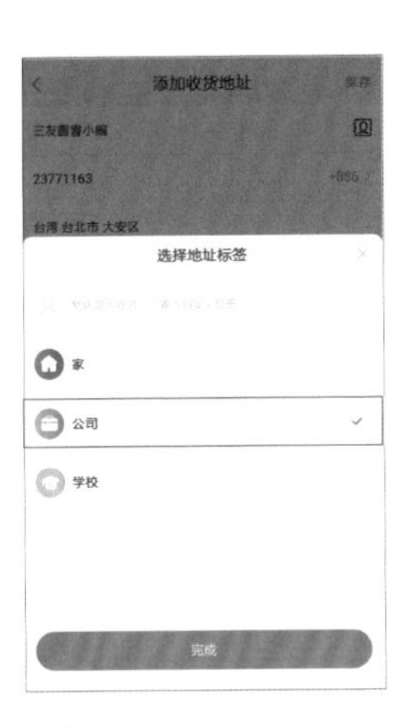

14

選擇要設定的地址標籤。

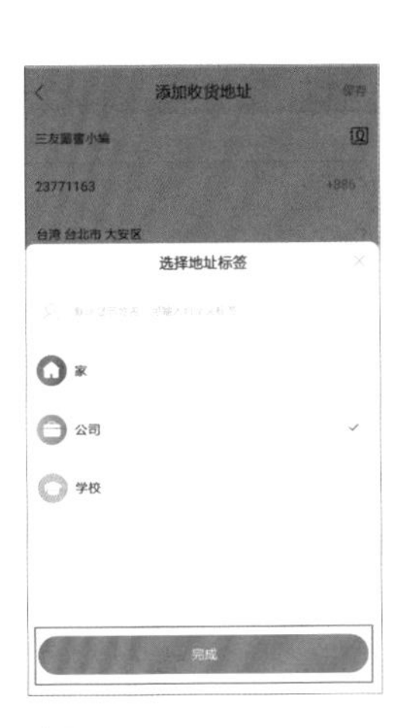

15

點選「完成」。

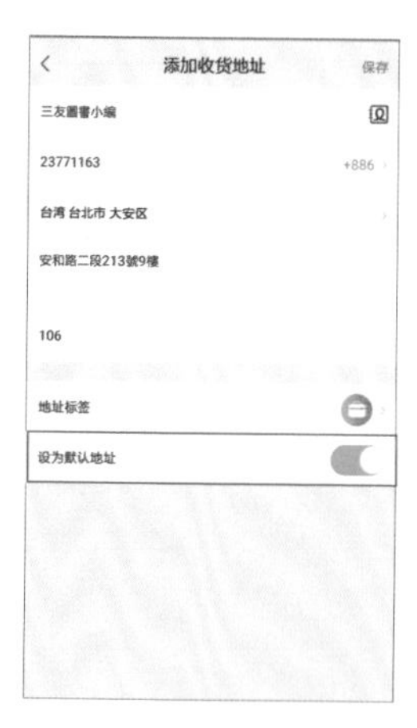

16

確認此地址是否要設為默認地址。【註：系統預設為開啟，若要取消可按住「 」往左滑動。】

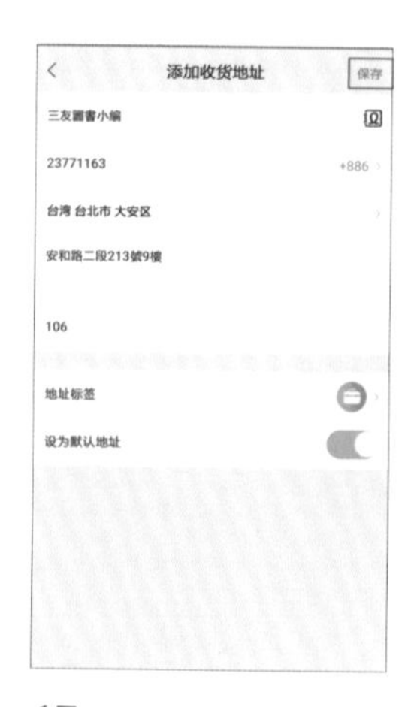

17

點選「保存」。

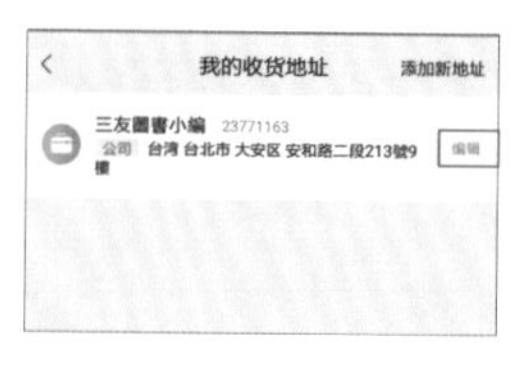

18

系統自動跳轉至收貨地址的介面，若要修正地址，可點選「編輯」。

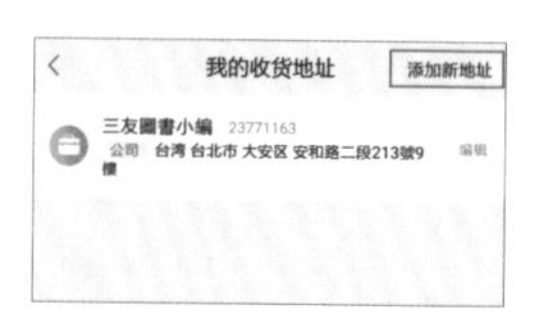

19

點選「添加新地址」，將回到步驟 3，加入其他收貨地址。

2-4-2-2 帳戶與安全

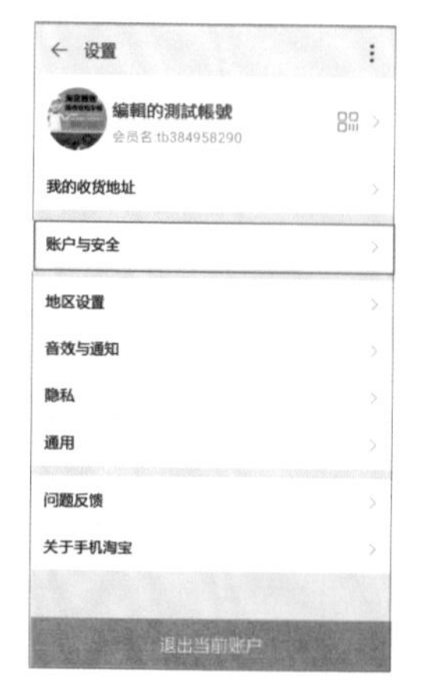

01

點選「賬（帳）戶與安全」。

02

進入帳戶與安全的介面。

會員名

01

若已設置會員名，則不可修改。

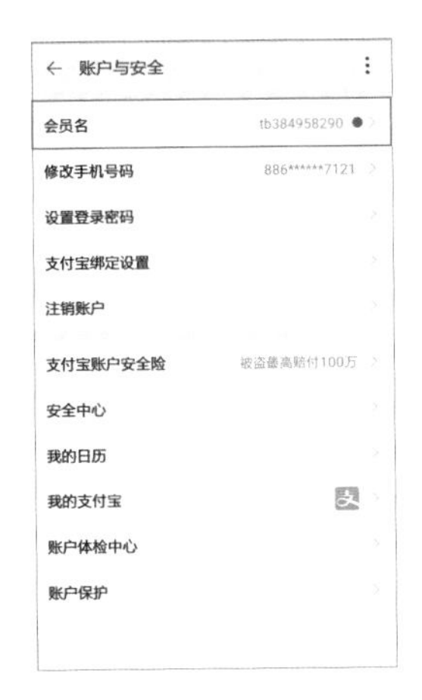

02

未設置會員名可點選「● >」。【註：會員名設置可參考 2-4-1-2 設置會員名 P.41。】

修改手機號碼

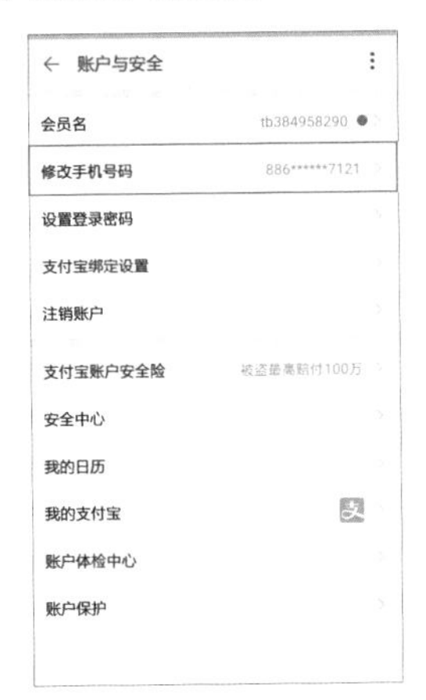

01

點選「修改手機號碼」。【註：若要更改綁定手機號碼，可在此修改。】

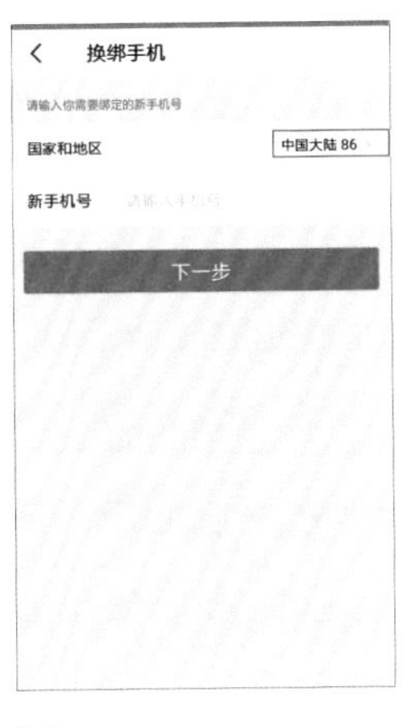

02

點選「**中国大陆 86 >**」，修改所在國家與地區。

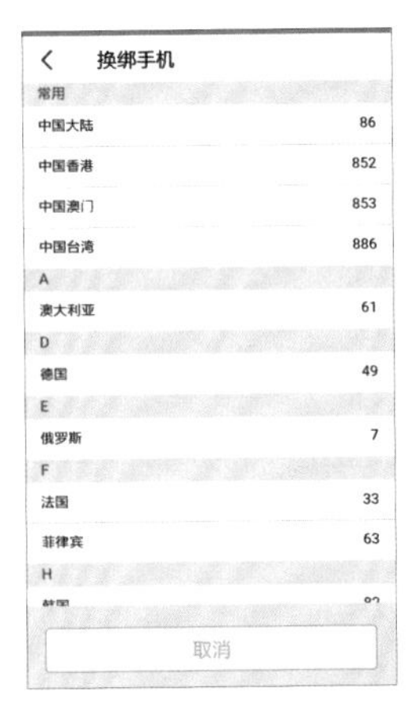

03

選擇所在的國家後，系統會自動跳轉介面。

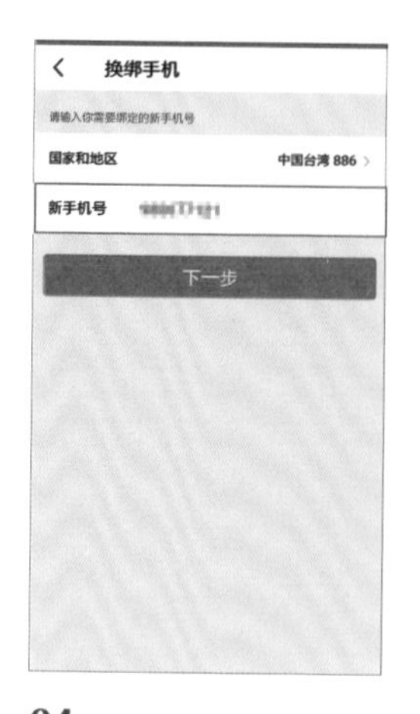

04

輸入要更換的手機號碼。

05

點選「下一步」即完成。

設置登錄密碼

01

點選「設置登錄密碼」。

【註：若要更改登錄密碼，可在此修改。】

02

系統進行安全檢測。

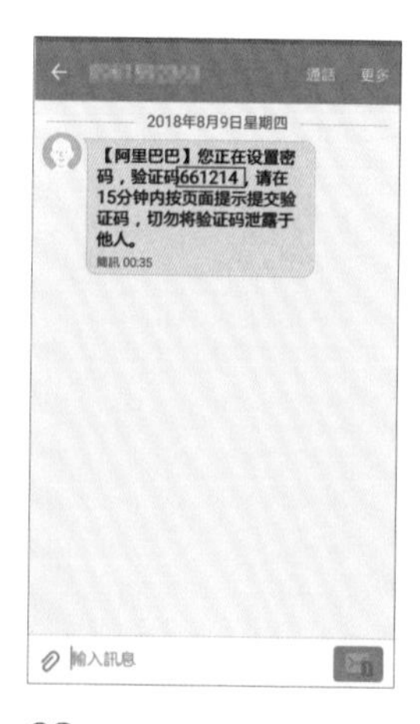

03

查看簡訊中的驗證碼。

04

輸入驗證碼。

05

點選「下一步」。

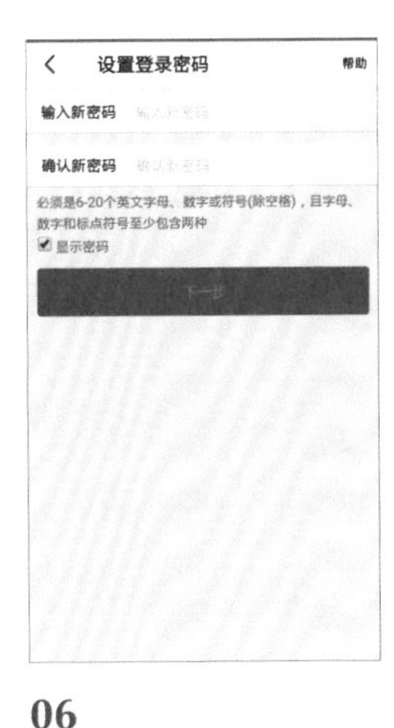

06

系統將介面轉至「設置登錄密碼」。

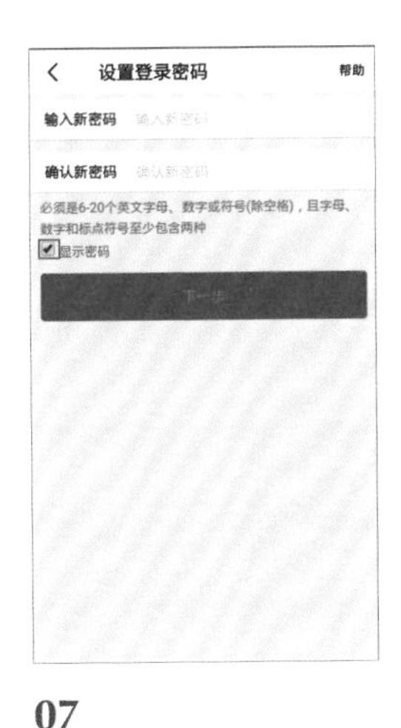

07

系統預設會顯示輸入的密碼，若不想顯示可點「✔」取消。

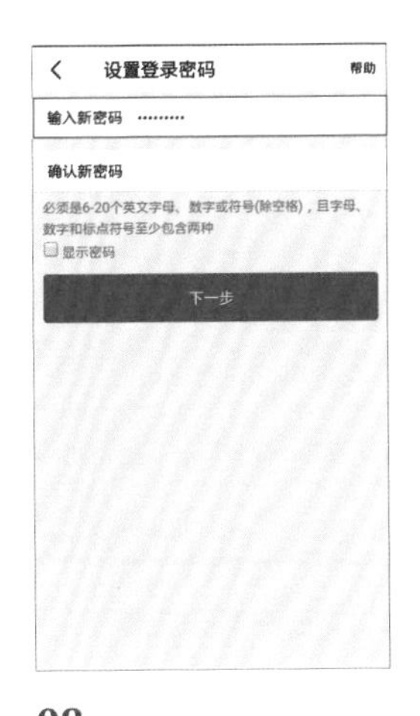

08

輸入新密碼。

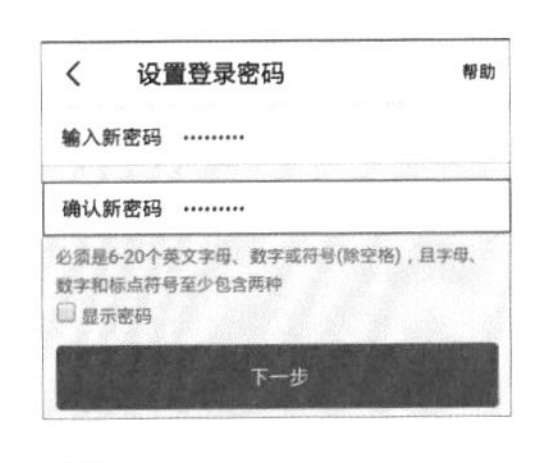

09

再次輸入新密碼。

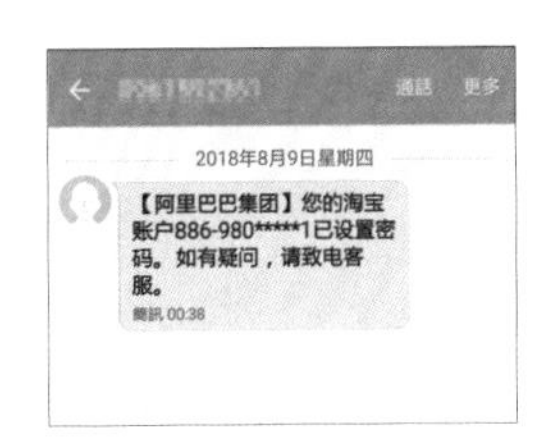

10

淘寶將會寄送確認簡訊至綁定的手機。

支付寶綁定設置

01

點選「支付寶綁定設置」。【註：在註冊淘寶時，系統會自動產生一個支付寶帳號，若用戶先前有習慣使用的帳戶，可在此進行修改。】

02

點選「換綁支付寶」。

03

輸入要更換的支付寶帳戶及密碼。

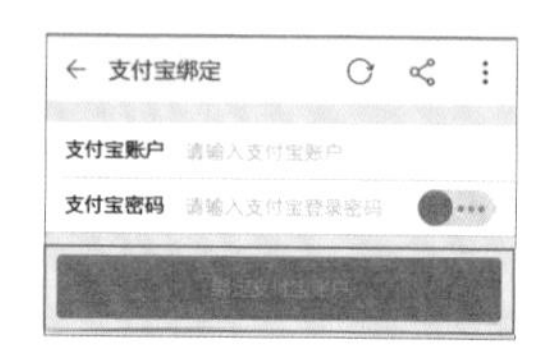

04

點選「綁定支付寶賬（帳）戶」即完成。

注銷帳戶

01

點選「注銷賬（帳）戶」。【註：若不想使用此帳戶，可注銷帳戶。】

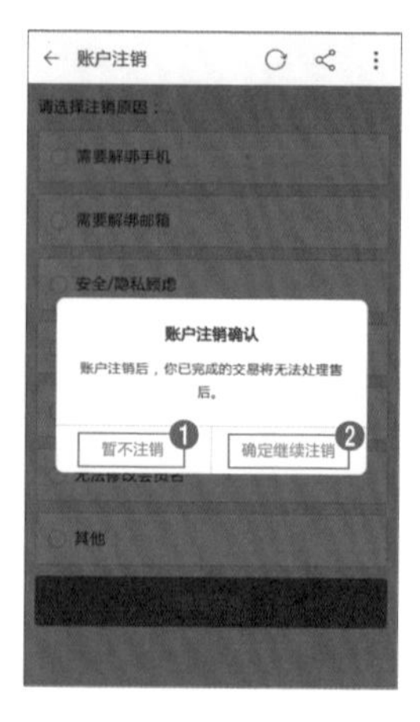

02

❶ 點選「暫不注銷」，可離開此介面。

❷ 點選「確定繼續注銷」，進入步驟 3。

03

選擇注銷原因。

04

點選「確定注銷」，完成帳戶注銷。

支付寶帳戶安全險

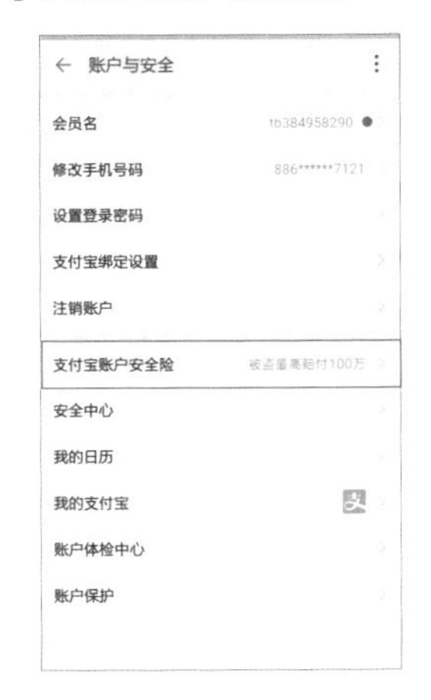

01

點選「支付寶賬（帳）戶安全險」。

02

查看支付寶帳戶安全險內容。

03

若有需要可按「立即投保」加入帳戶安全險。

安全中心

01

點選「安全中心」。

02

❶ 選「立即處理」，可進行支付寶實名認證。【註：若沒實名認證並不影響在淘寶的付款行為。】

❷ 點選「登錄日誌」，可查看用戶登入淘寶的狀況。

❸ 點選「設備管理」可查看用戶曾登入過淘寶的手機。

❹ 點選「賬（帳）號緊急保護」，可鎖定目前帳戶，不被其他人使用。

❺ 點選「舉報與反饋」，可舉報詐欺、個資被洩漏等狀況。

❻ 點選「全部問題」，可查看常見的問題。

我的日曆

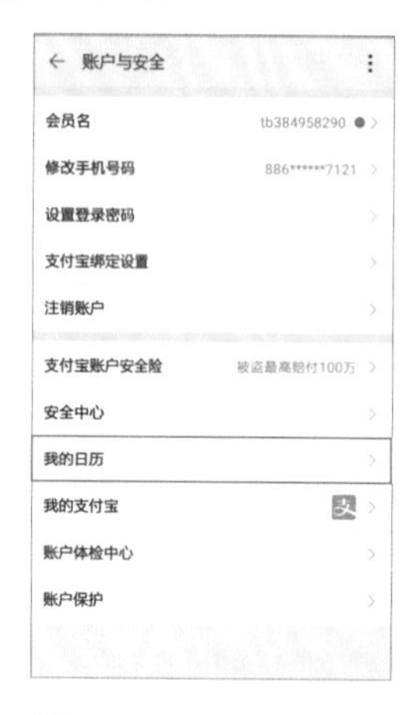

01

點選「我的日曆」。

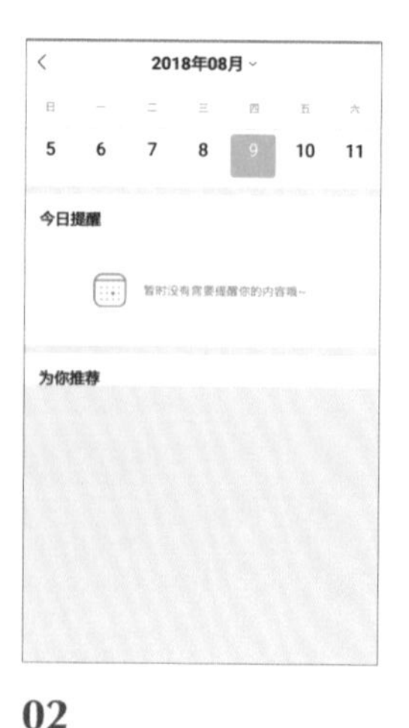

02

進入日曆介面，可設置個人行事曆。

我的支付寶

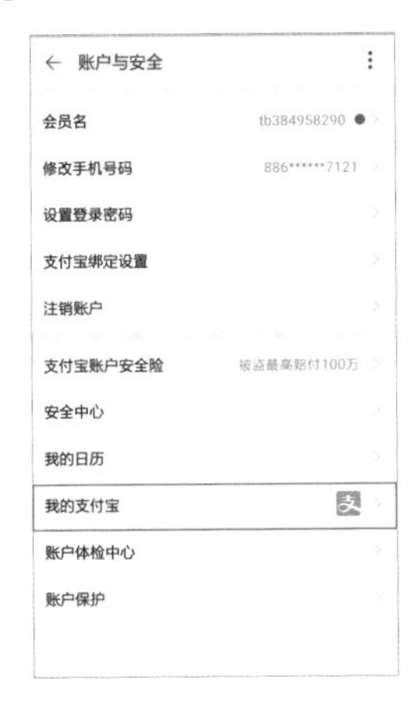

01

點選「我的支付寶」。

02

進入支付寶介面，可管理用戶的支付寶。

帳戶體檢中心

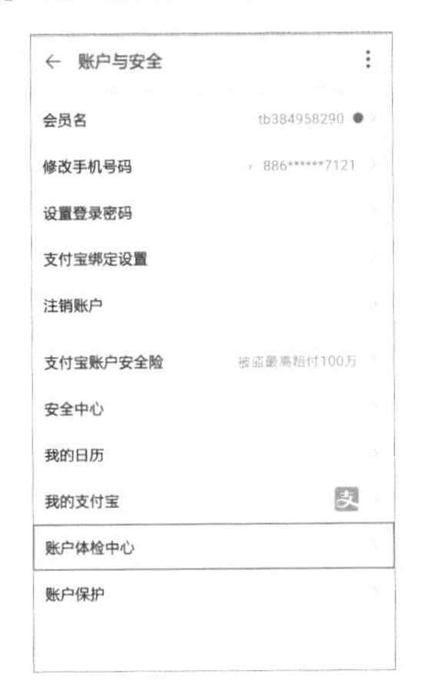

01

點選「賬（帳）戶體檢中心」。

02

進入體檢中心介面，可查看用戶是否有違規的紀錄。

帳戶保護

01

點選「賬（帳）戶保護」。

02

點選「[icon]」，進入聲紋密保。

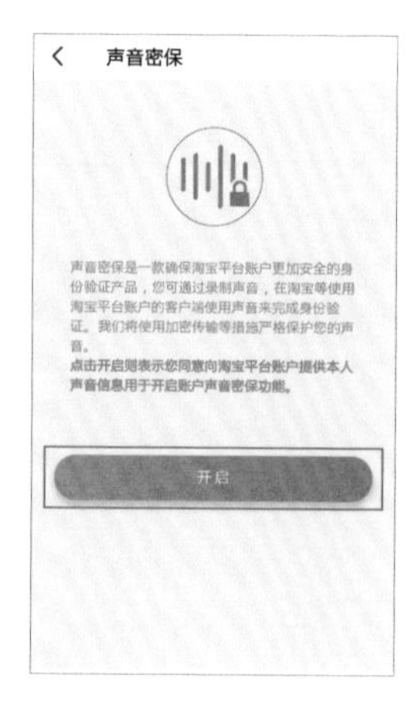

03

點選「開啟」。

04

系統進行安全檢測。

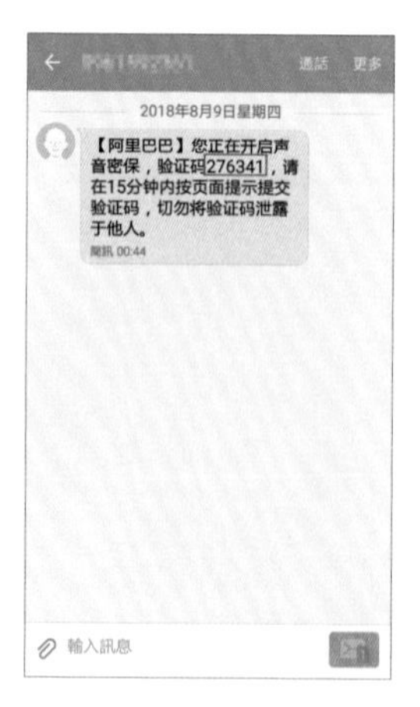

05

查看簡訊中的驗證碼。

06

輸入驗證碼。

07

點選「下一步」。

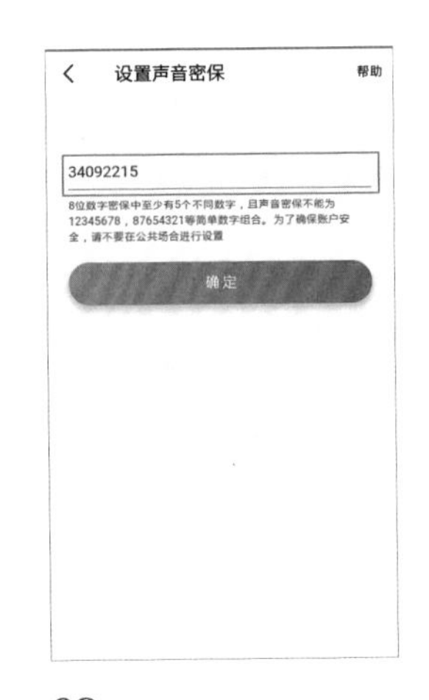

08

輸入八位數字作為密碼。

【註：八位數字中要有五位數字不同。】

09

點選「確定」。

10

系統進行環境檢測。

11

用手按住「🔊」，並靠近話筒說出步驟 8 設置的數字。

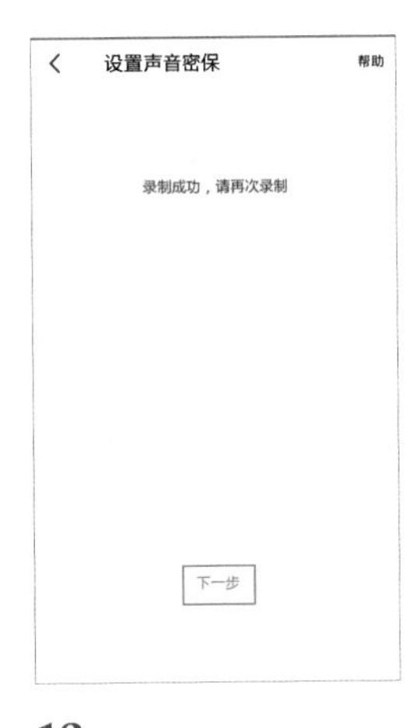

12

系統顯示錄製成功，點選「下一步」，進行再次錄製。

13

用手按住「」，並靠近話筒再次說出步驟 8 設置的數字。

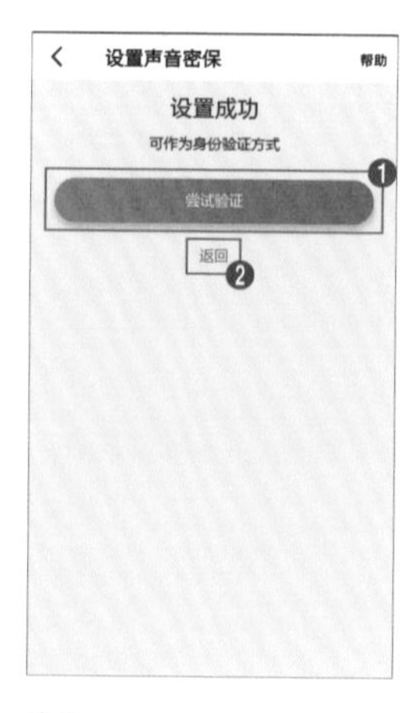

14

❶ 點選「嘗試驗證」，將回到步驟 11 再次驗證。

❷ 點選「返回」，跳回聲音密保的設置介面。

15

驗證成功後，點選「返回設置介面」，跳回聲音密保的設置介面。

2-4-2-3 地區設置

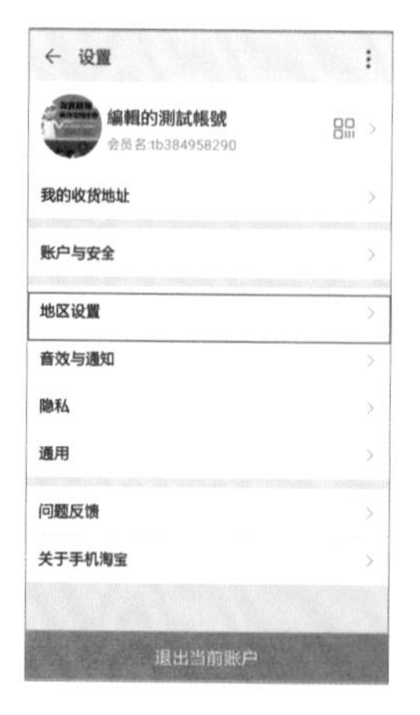

01

點選「地區設置」。

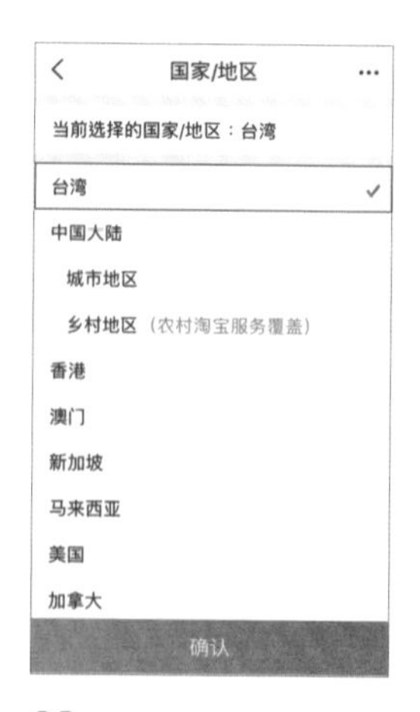

02

選擇所在的地區。

03

點選「確認」，即完成地區設置。

2-4-2-4 音效與通知

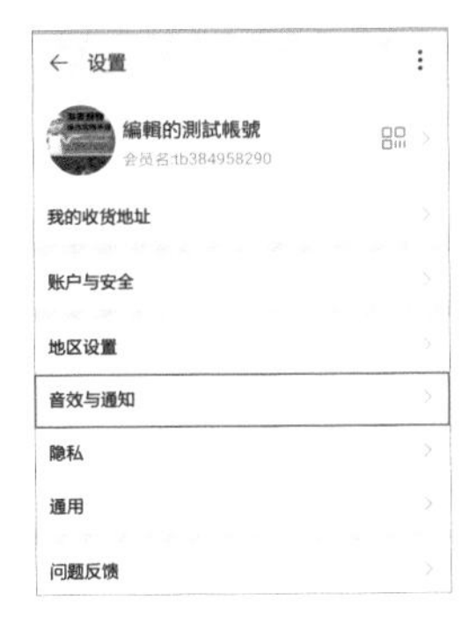

01

點選「音效與通知」。

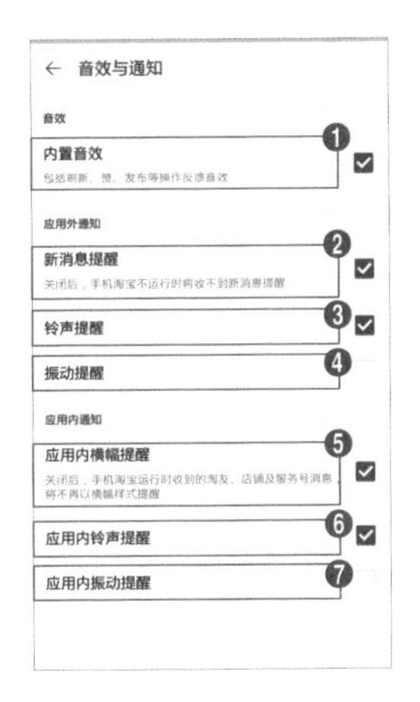

02

用戶可依據個人需求，點「□」設置有新訊息時，想收到的通知與音效，或點「☑」取消通知與音效。

❶ 點選「內置音效」，可在淘寶有新訊息、有用戶回饋等操作時通知用戶。

❷ 點選「新消息提醒」，可在淘寶有新訊息時通知用戶。

❸ 點選「鈴聲提醒」，可在淘寶有新訊息時以鈴聲方式通知用戶。

❹ 點選「震動提醒」，可在淘寶有新訊息時以震動方式通知用戶。

❺ 點選「應用內橫幅提醒」，可在使用淘寶 APP 時以橫幅訊息方式提醒用戶。

❻ 點選「應用內鈴聲提醒」，可在使用淘寶 APP 時以鈴聲方式提醒用戶。

❼ 點選「應用內震動提醒」，可在使用淘寶 APP 時以震動方式提醒用戶。

2-4-2-5 隱私

01

點選「隱私」。

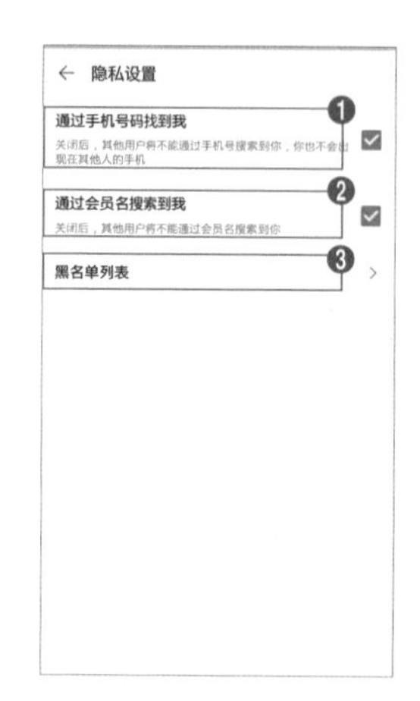

02

在此可設置是否可以透過手機號碼、會員名的方式被其他用戶找到，系統預設為同意，可點「☑」取消此功能，或點「☐」開啟功能。

❶ 開通「通過手機號碼找到我」，其他用戶可透過手機號碼搜尋到特定用戶。

❷ 開通「通過會員名搜索到我」其他用戶可透過會員名搜尋到特定用戶。

❸ 點選「黑名列表」，跳至步驟 3，可查看被設為黑名單的人。

03

在此可查找被用戶列為黑名單的人。

2-4-2-6 通用

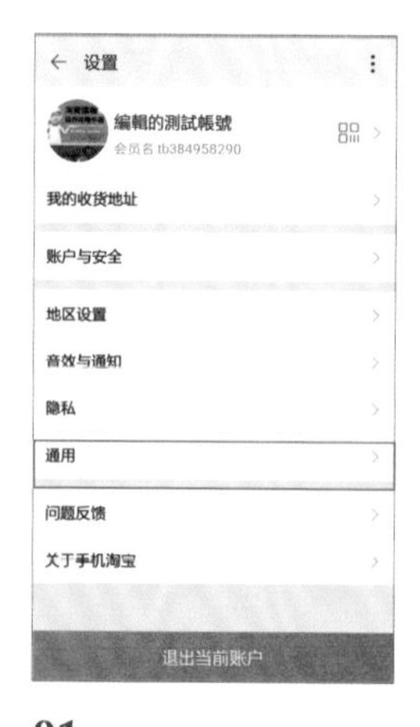

01

點選「通用」。

02

在此可選擇是否使用所列功能，點「☑」取消服務，或點「☐」選擇該服務。

❶ 點選「指紋／面容支付」，跳至步驟 3 設置指紋、面容支付的功能。

❷ 點選「開啟位置服務」，淘寶會依據用戶所在地提供相關資訊。

❸ 點選「開啟首頁搖一搖」，可與電視節目互動，並知道附近的限時優惠。

❹ 點選「WIFI 自動播放視頻」，在 WIFI 的環境下，影片會自動播放。

❺ 點選「開啟淘口令快捷查看」，可複製淘寶令並查看商品資訊。

❻ 點選「清除緩存」，可清除暫存紀錄。

03

確認要使用指紋、面容支付後，點選「同意協議並開通」。【註：適用於有指紋辨識器的用戶。】

04

用戶須將指紋放在指紋辨識器上。

05

系統辨識用戶指紋介面。

06

輸入支付寶密碼。

07

系統顯示開通成功。

2-4-2-7 問題反饋

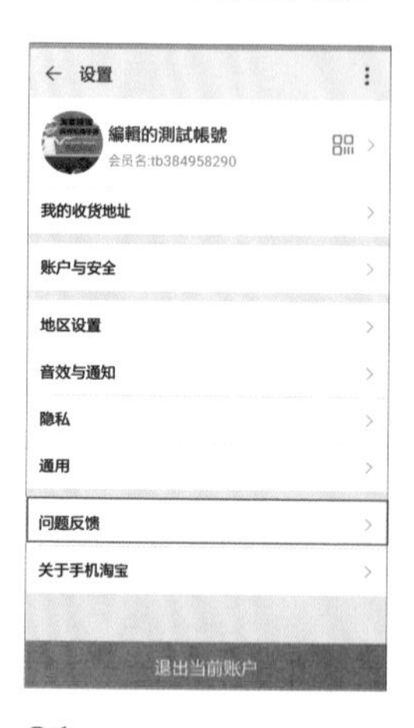

01

點選「問題反饋」。

02

介面會跳轉至淘寶 AI 客服人員，用戶可以詢問並反應所遇到的問題。

2-4-2-8 關於手機淘寶

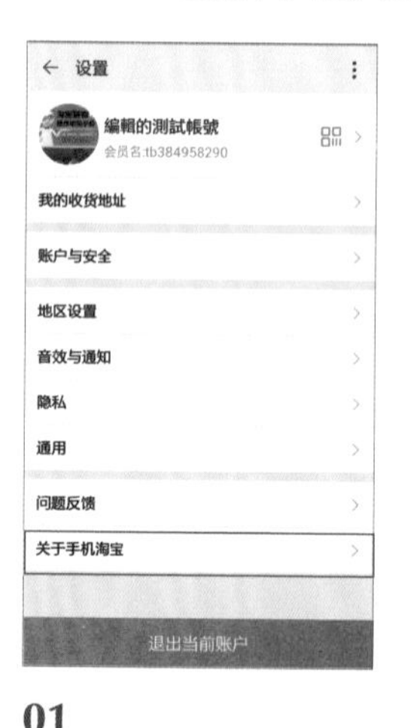

01

點選「關於手機淘寶」。

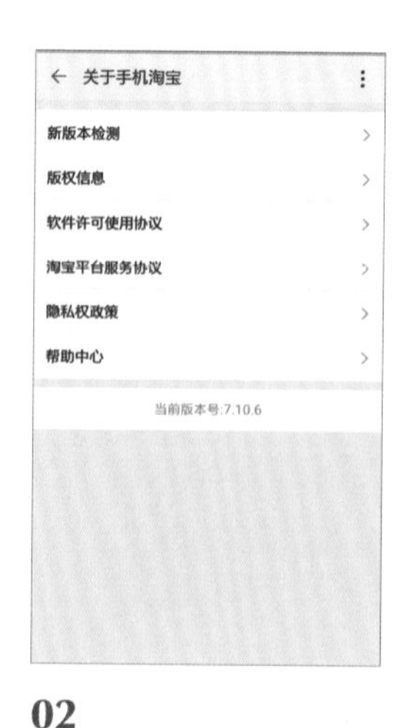

02

在此可查看手機淘寶的版本、版權等各項訊息，想要深入了解的用戶可點選查看。

2-4-2-9 退出當前帳戶

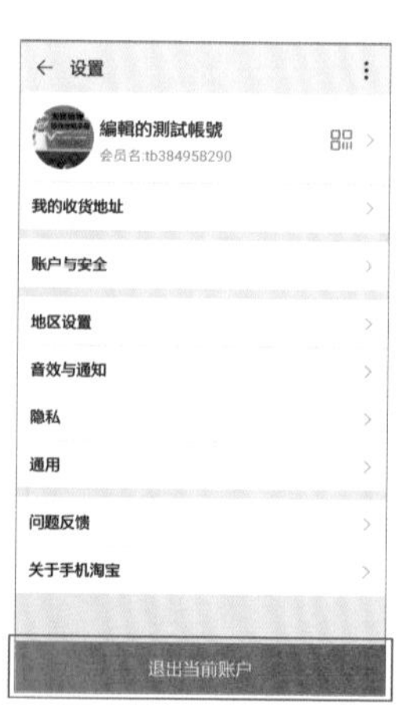

點選「退出當前賬（帳）戶」，可登出淘寶，並進入登入介面。【註：登入方式請參考 2-2-3 登入淘寶 P.24。】

CHAPTER

03

實際購物方法步驟操作

Method of shopping step by step

ARTICLE

3-1

搜尋商品

Search For Goods

3-1-1 搜尋方法

在淘寶搜尋商品時，可以運用商品名和商品圖做搜尋，所以用戶可以依據自己的使用習慣搜尋，或是在不知道商品名時，可以使用圖片做快速搜尋。

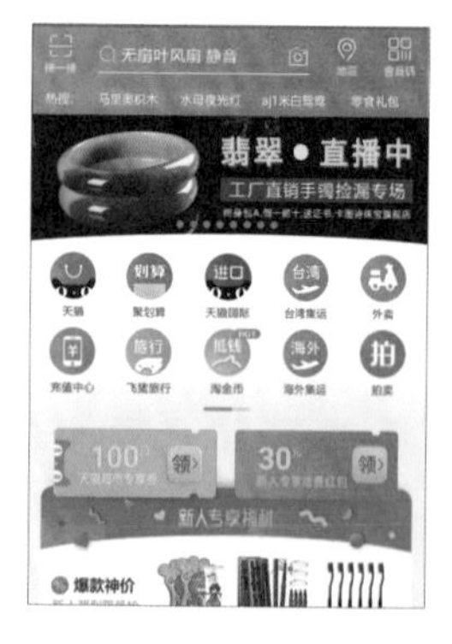

01

進入淘寶首頁。

02

點選搜尋列。

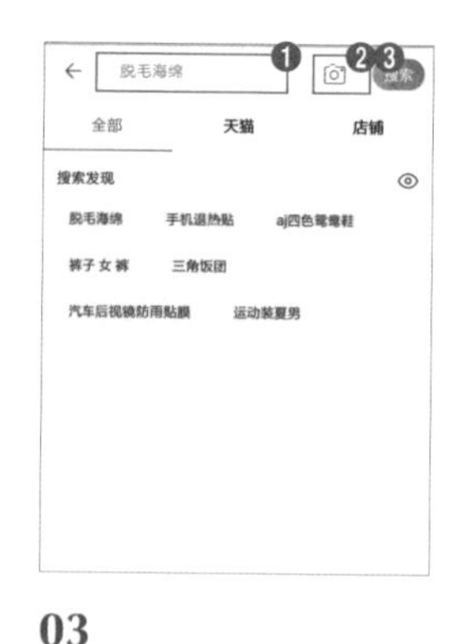

03

進入搜尋介面。

❶ Method 01 文字搜尋。

【註：步驟請參考 P.63。】

❷ Method 02 照相搜尋。

【註：步驟請參考 P.64。】

❸ Method 03 圖片搜尋。

【註：步驟請參考 P.66。】

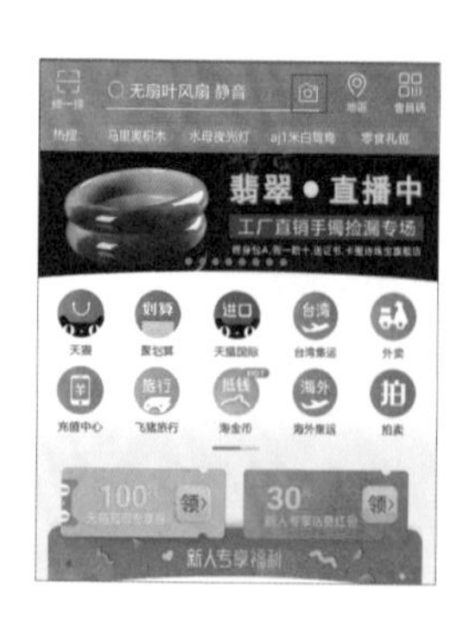

04

點選「📷」可直接進入照相、圖片搜尋介面。

METHOD 01 文字搜尋

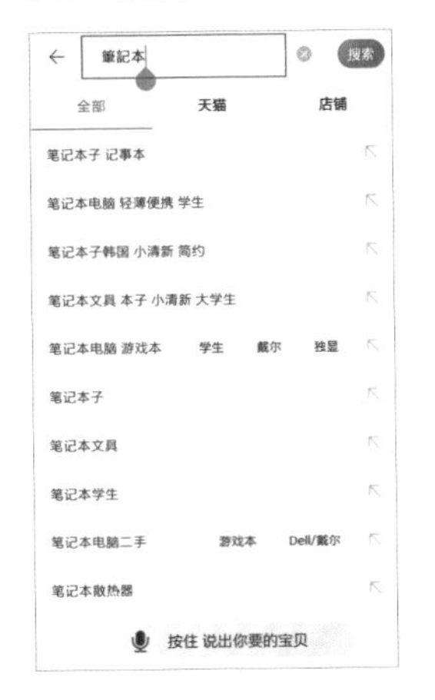

M101

在搜尋列輸入商品名稱。【註：此以筆記本為例。】

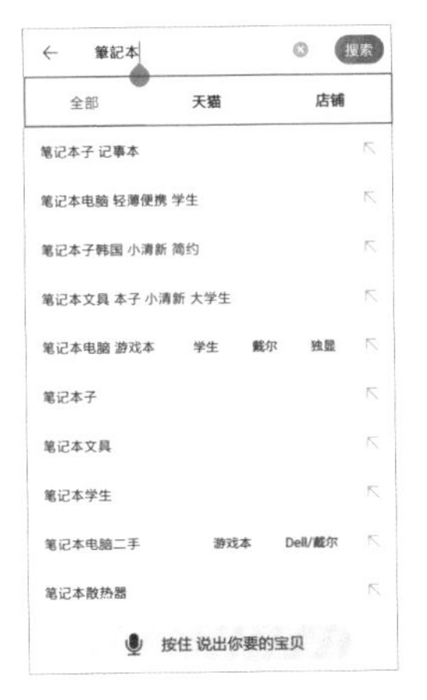

M102

選擇商品顯示方式。【註：「全部」為天貓和店鋪皆會顯示；「天貓」主要為品牌商家；「店鋪」為一般商家。】

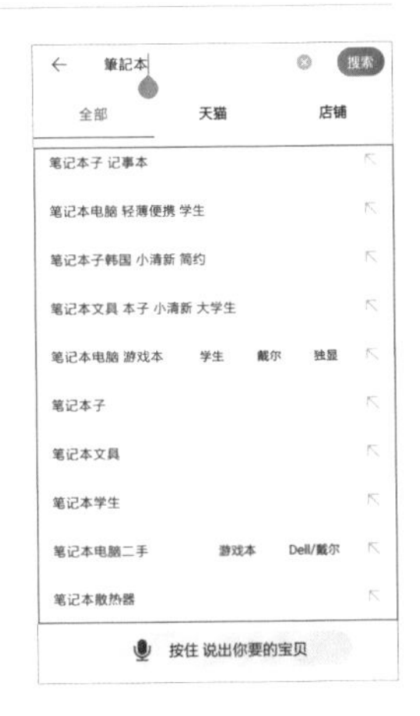

M103

系統會出現相關的搜尋關鍵字，用戶可自行選擇是否點選，若不點選，則跳至步驟 M104。【註：若點選下方任一關鍵字，系統會自動跳轉搜尋。】

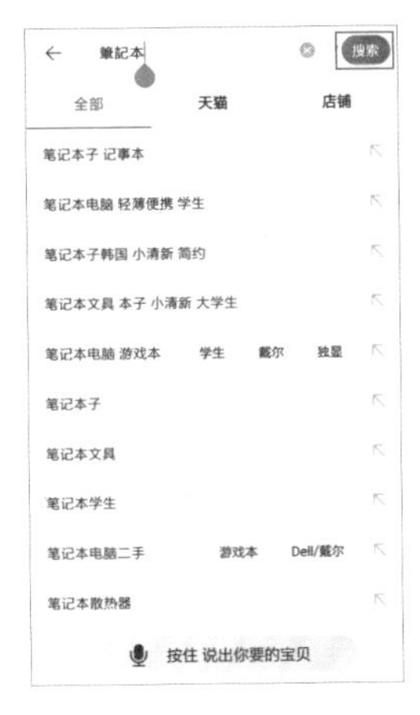

M104

點選「搜索」。

M105

系統顯示搜尋結果，點選所須商品，會直接進入商品介面。

M106

點選「綜合」。

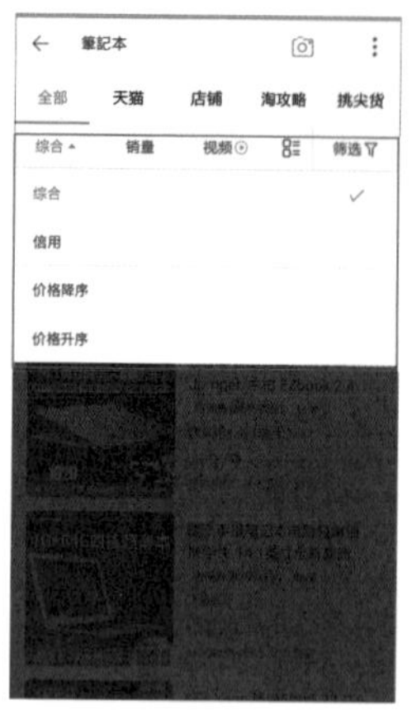

M107

可依個人需求，以價格、信用的條件選擇商品排序方式。

M108

點選「銷量」。

M109

系統會依照銷量將商品重新排序。

METHOD 02 照相搜尋

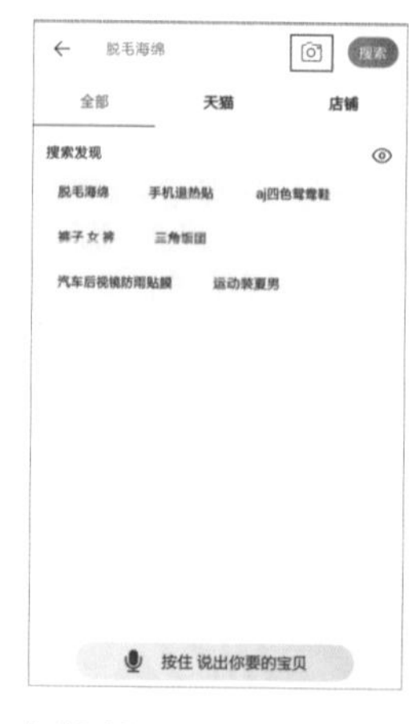

M201

點選「[camera icon]」。

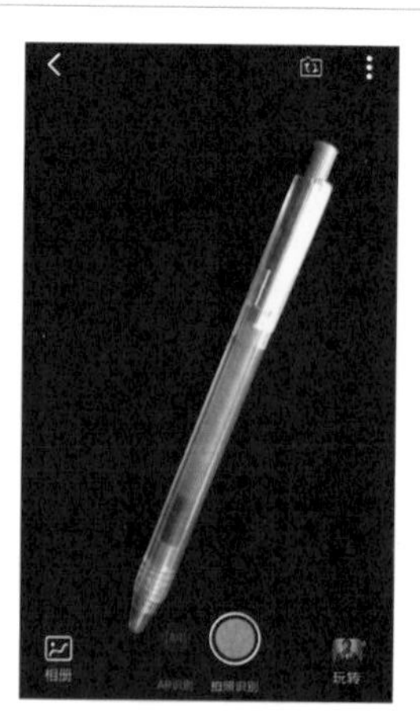

M202

進入拍照介面。

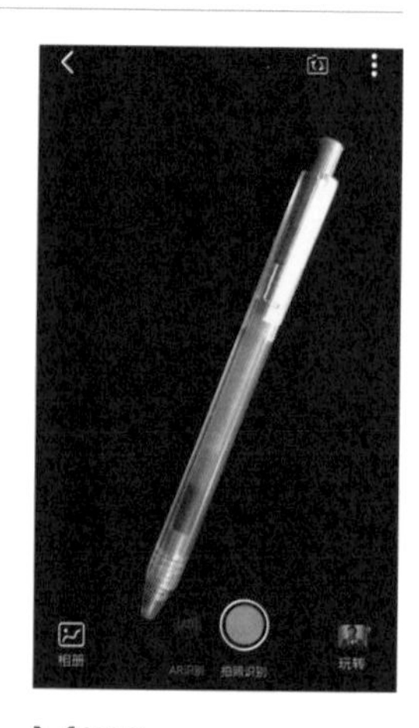

M203

將想要以圖搜尋的物品對準相機鏡頭。

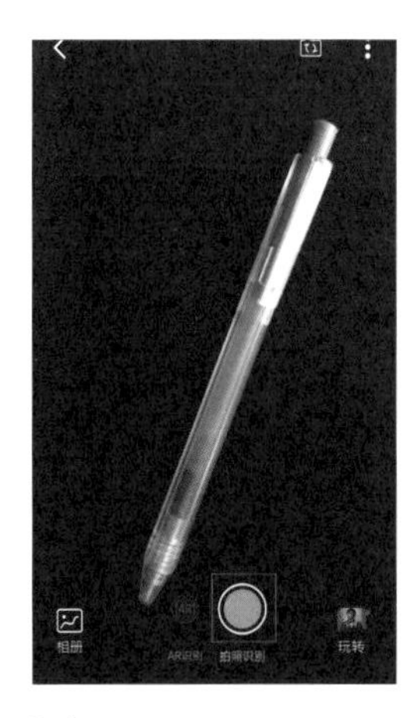

M204

點選「●」，拍攝商品。

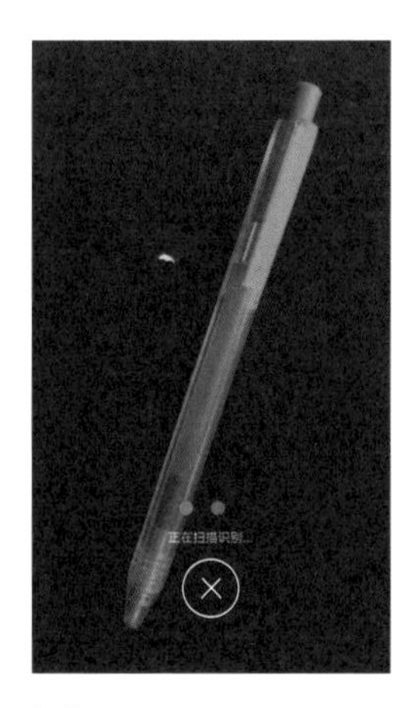

M205

系統進入識別介面。

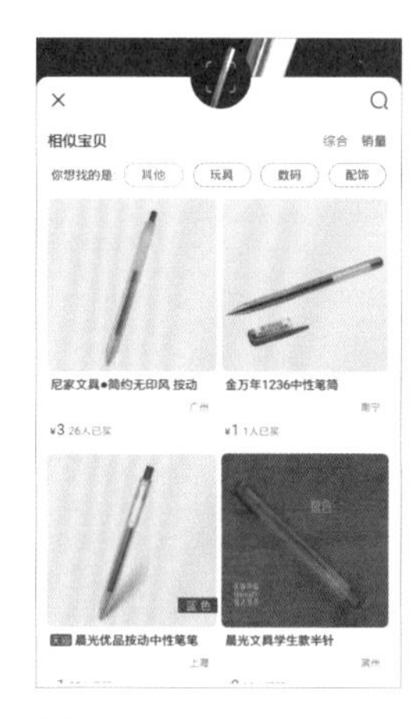

M206

系統顯示搜尋結果，點選所須商品，會直接進入商品介面。

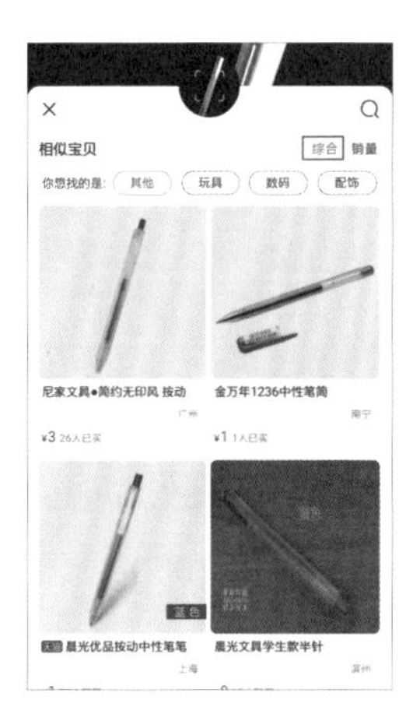

M207

系統預設以「綜合」為商品排序。

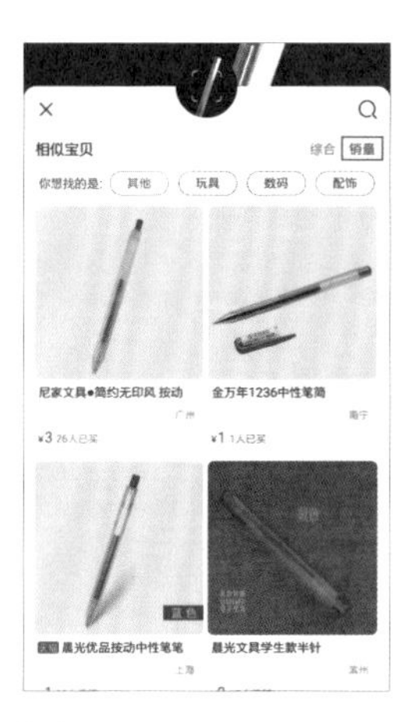

M208

點選「銷量」。

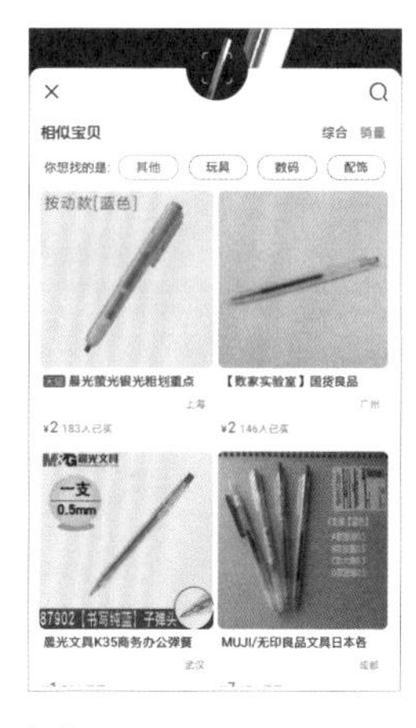

M209

系統會依照銷量將商品重新排序。

M301

點選「 」。

M302

進入拍照介面。

M303

點選「 」。

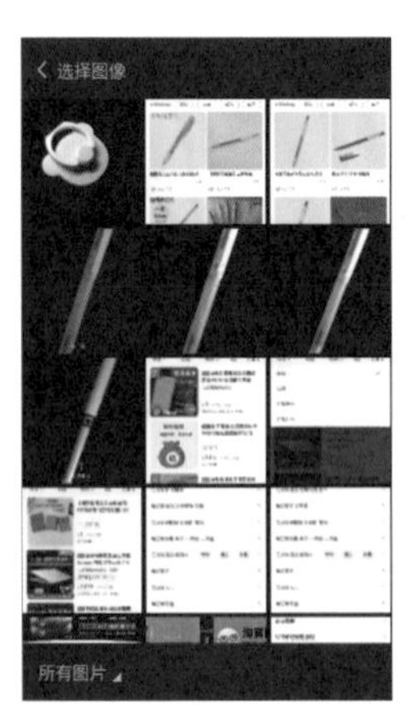

M304

進入相冊。

M305

選擇要搜尋的圖片。

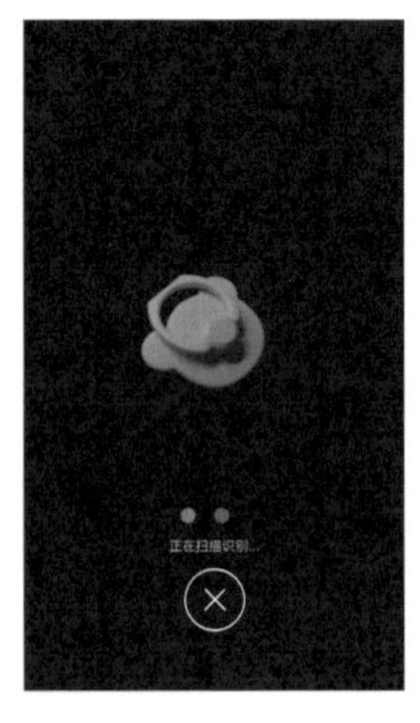

M306

系統自動進入識別介面。

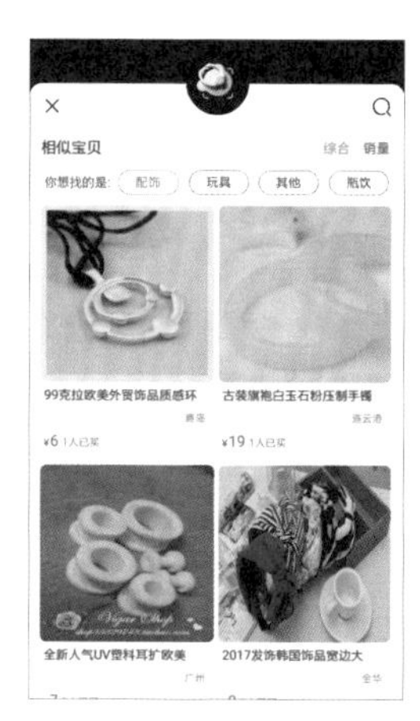

M307

系統顯示搜尋結果，點選所須商品，會自動進入商品介面。

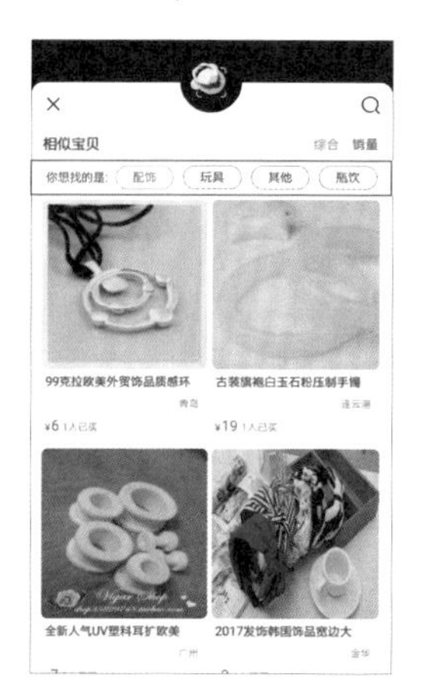

M308

可依照商品類別，進行更進一步篩選。【註：可依照所拍商品的屬性進行篩選。】

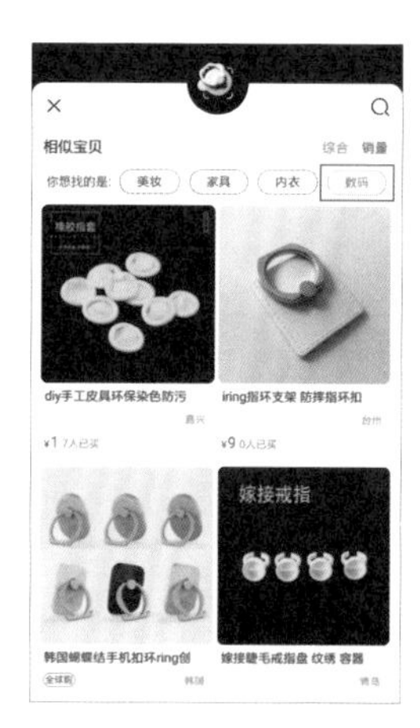

M309

向右滑動，選擇「數碼」，找到相似商品。

3-1-2 篩選商品的方法

在淘寶搜尋商品時，可以依照個人的需求更改商品的篩選方法。

01

點選「篩選」。

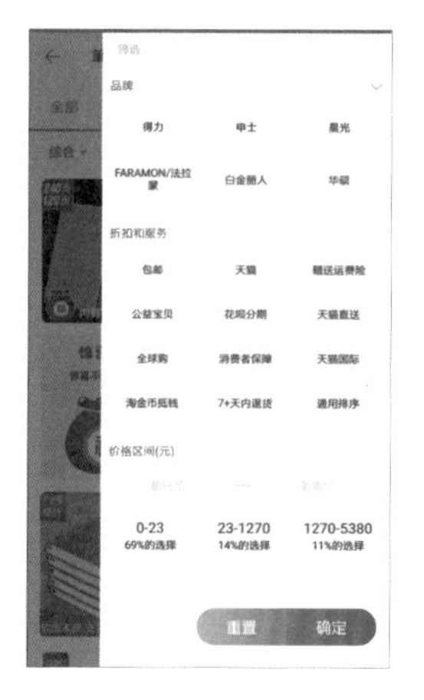

02

可選擇按照品牌與折扣服務等不同方式排列。

03

向下滑動介面，可以選擇其他細項分類。

04

選擇「﹀」，開啟細項分類。【註：此以裝訂方式為例。】

05

點選「活頁夾裝訂」。

06

活頁夾裝訂選擇完成。

07

點選「重置」，系統會將用戶的設定重置，回到步驟 3 的介面。

08

點選「確定」。

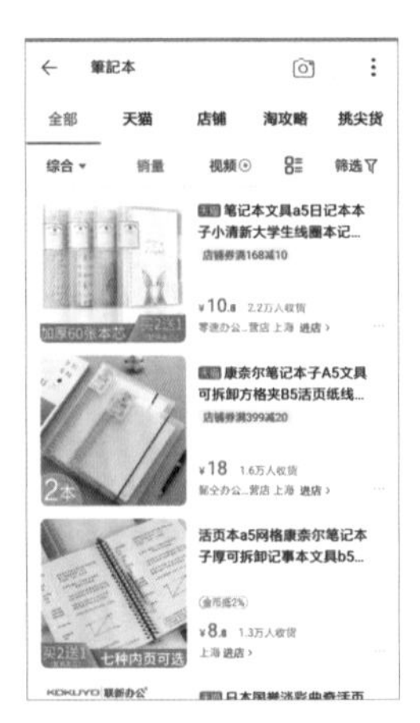

09

系統會依照用戶的設定，重新篩選商品。

3-1-3 尋找同類商品的方法

在淘寶搜尋商品時，可以搜尋同款或相似的商品，進行商品的 CP 值比較，以及多方查詢。

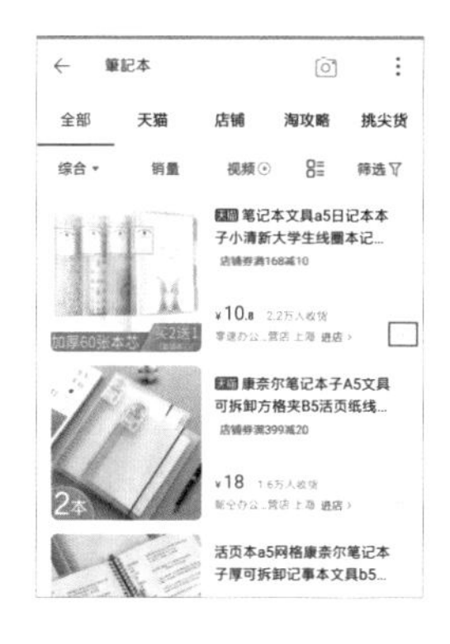

01

點選「…」。

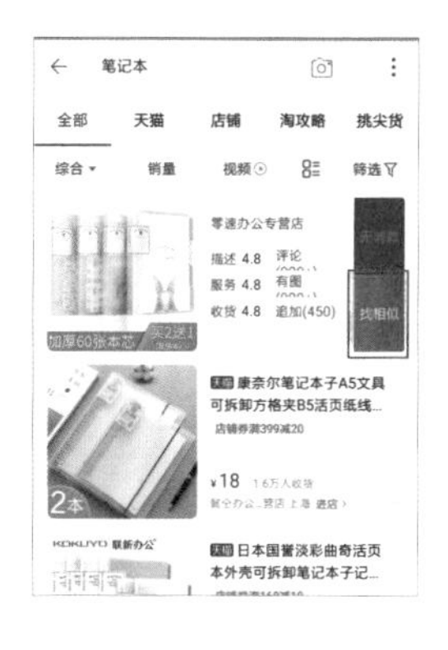

02

點選「找相似」。【註：若沒有相似或同款商品，則無法點選。】

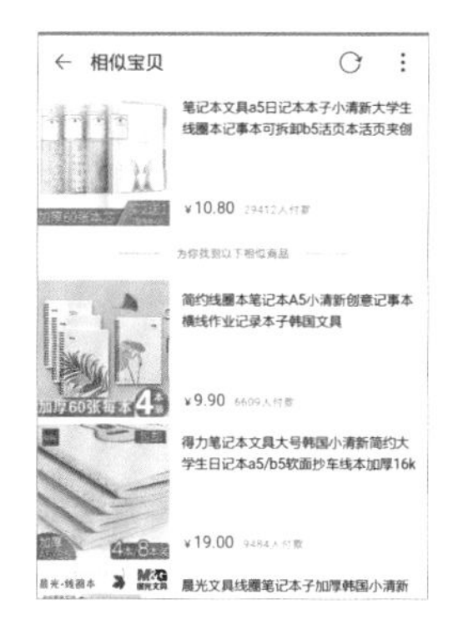

03

系統出現相似的商品。

ARTICLE 3-2

進入店鋪

Enter The Shop

3-2-1 商品介面介紹

當點選想查看的商品時，系統會進入商品介面，用戶可查看商品的相關資訊。

01

點選想查看的商品。

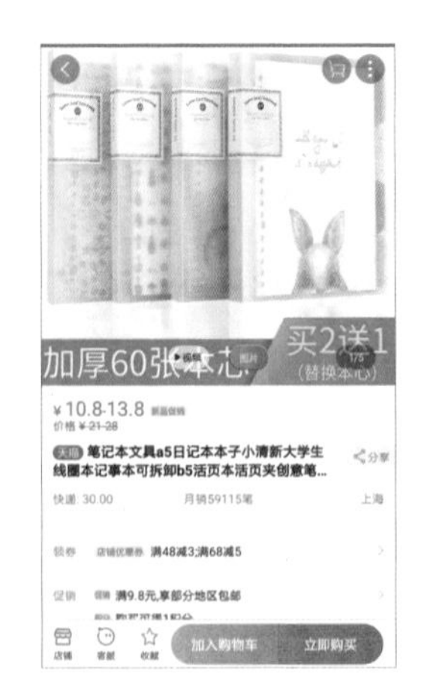

02

進入商品介面。

3-2-1-1 寶貝

淘寶稱商品為「寶貝」，所以在商品介面中向下滑，會出現橫幅，而上面會有「寶貝」，用戶點選時，會回到最上面，也就是商品資訊。

查看商品資訊

01

系統預設商品展示方式為「視頻」。【註：若沒有視頻，則以圖片為主。】

02

點選「圖片」，可查看商品的圖片。

領券

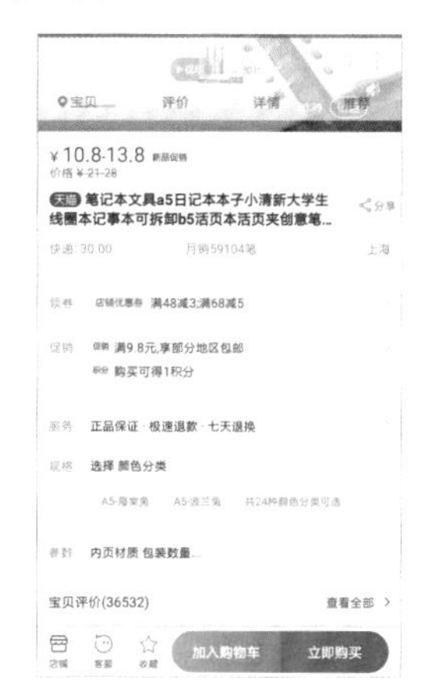

01

將介面向下滑。

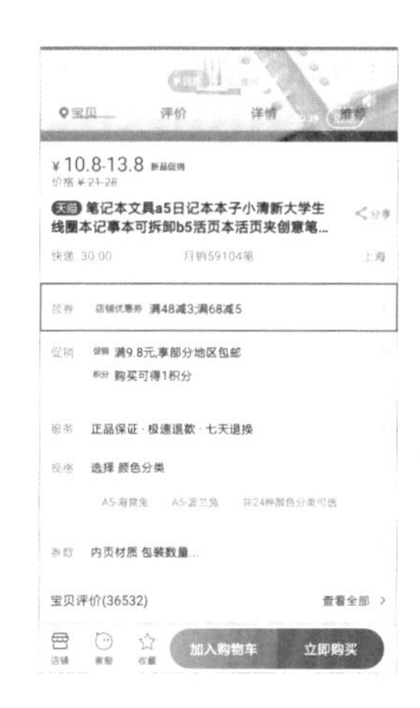

02

點選「領券」。【註：若該店鋪無相關活動時則不會顯示。】

03

系統跳出店鋪提供的優惠券。【註：此為滿額折抵，每家店鋪會提供不同優惠。】

04

點選「立即領取」，可領取店鋪提供的優惠券。

05

系統顯示「恭喜，搶到了」代表用戶成功領取優惠券。

06

點選「完成」，跳回商品介面。

促銷

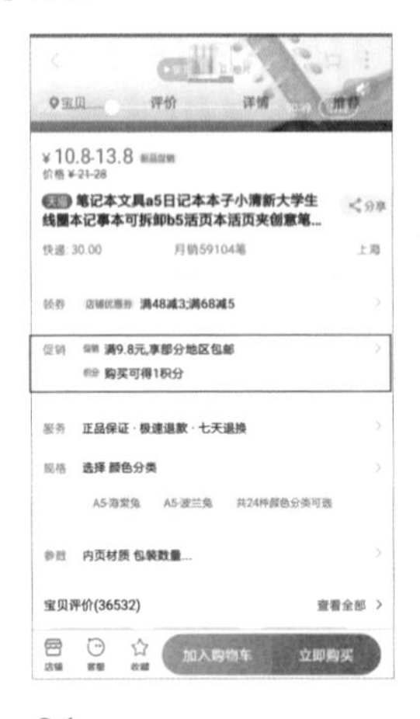

01

點選「促銷」。【註：若該店鋪無相關活動時則不會顯示。】

02

可察看店鋪的促銷活動。

03

點選「完成」，跳回商品介面。

服務

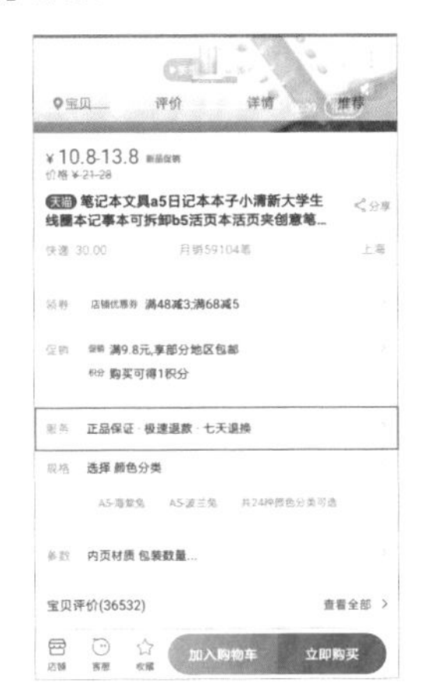

01

點選「服務」。

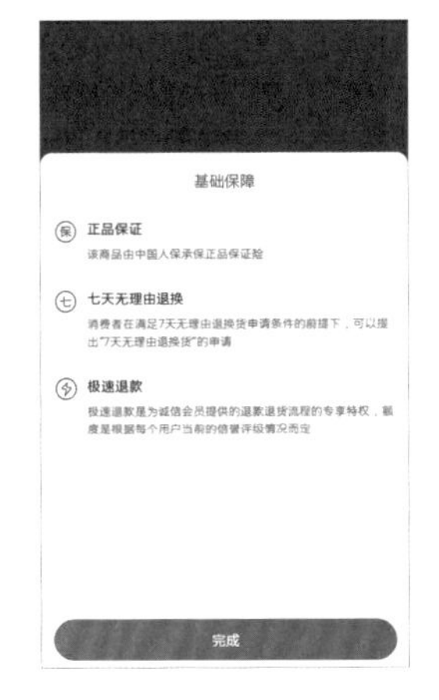

02

可察看店家的提供的保障和服務。

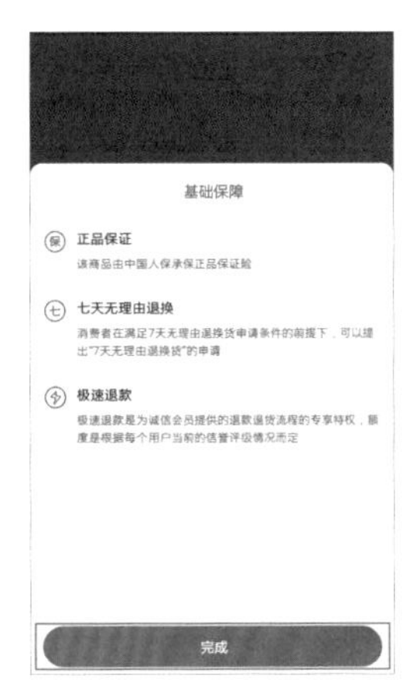

03

點選「完成」，跳回商品介面。

規格

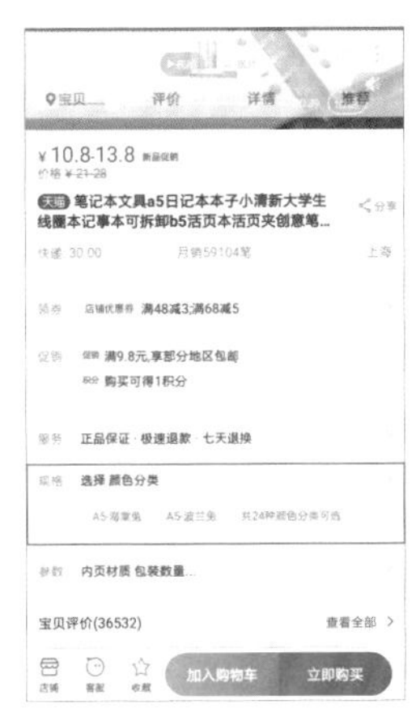

01

點選「規格」。

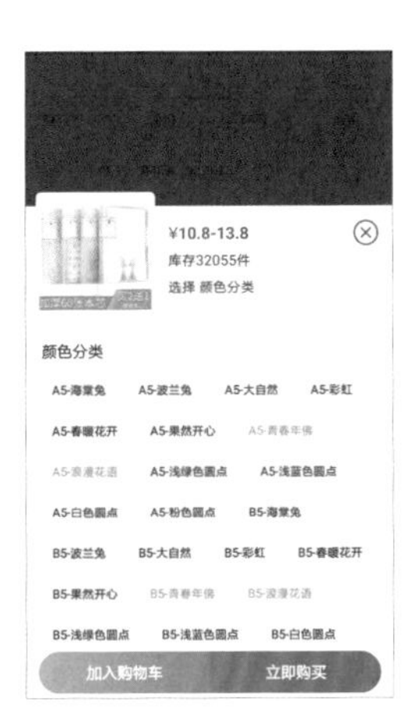

02

可察看店鋪販售的商品種類。【註：此時可點選類別並加入購物車，請參考 3-3-1 加入購物車 P.82。】

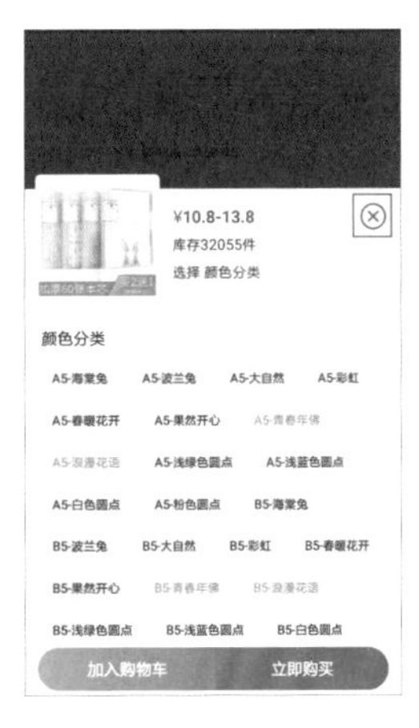

03

點選「⊗」，跳回商品介面。

參數

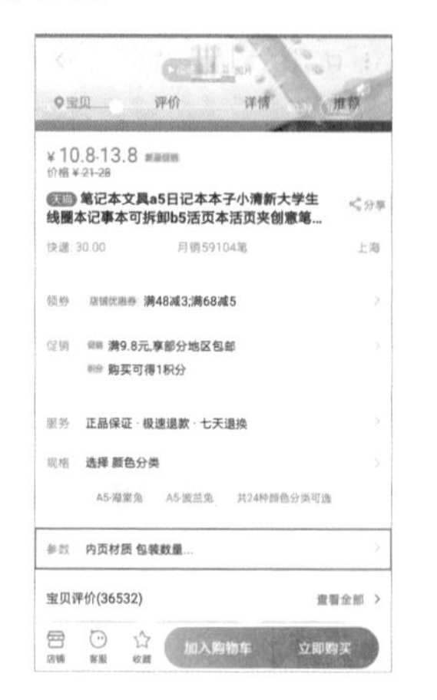

01

點選「參數」。

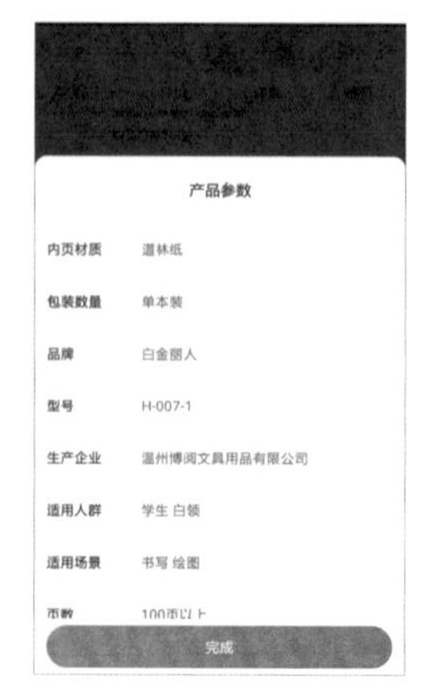

02

可察看商品的詳細資訊，如重量、材質等。

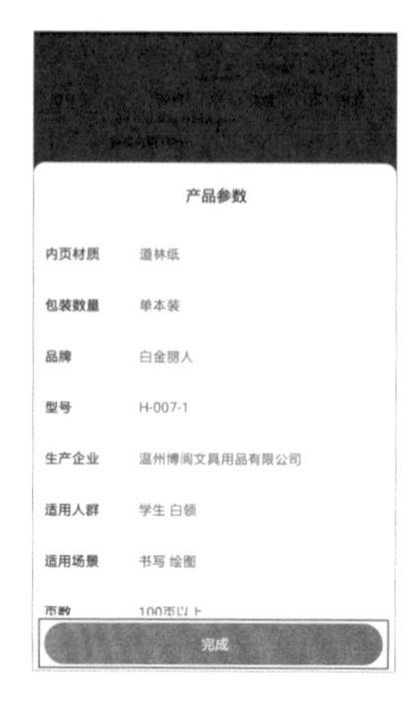

03

點選「完成」，跳回商品介面。

3-2-1-2 評價

在評價中，可依照其他用戶對商品的評價、展示的開箱照片作為參考的依據，或是選擇詢問已購買過商品的用戶商品細節，以及使用心得。

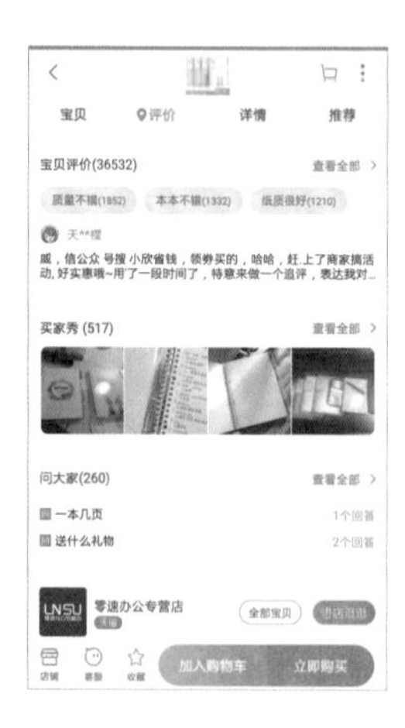

將介面向下滑，出現評價。

寶貝評價

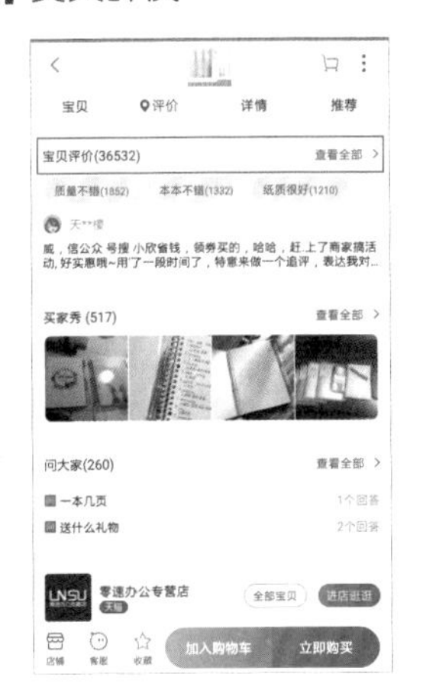

01

點選寶貝評價的「查看全部」。

02

系統顯示其他用戶的評價。

03

點選「﹀」，可展開篩選的關鍵字。

04

可依關鍵字進行篩選。

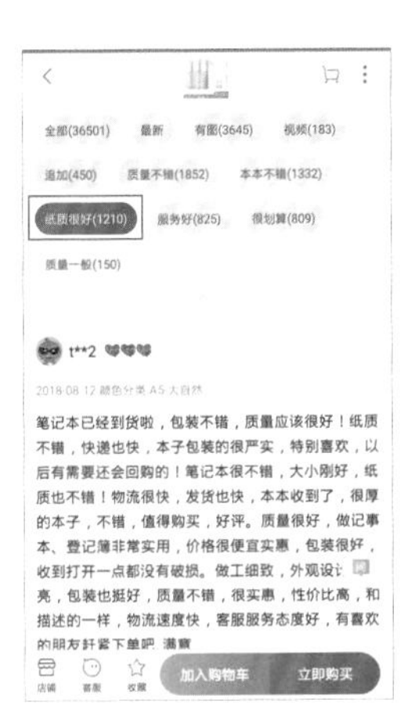

05

點選篩選的關鍵字。【註：此以「紙質很好」為例。】

06

點選「＜」，回到商品介面。

買家秀

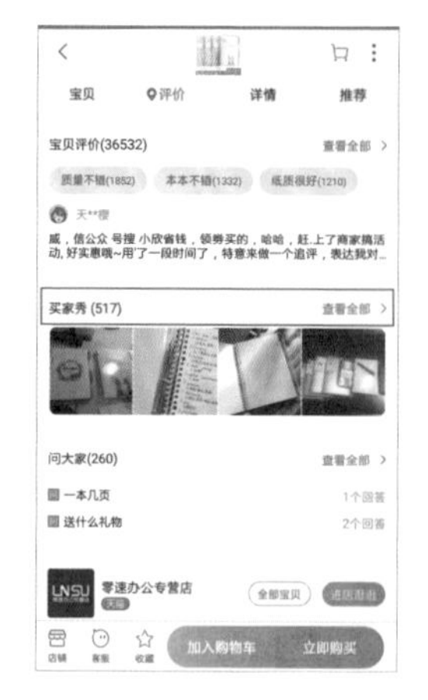

01

點選買家秀的「查看全部」。

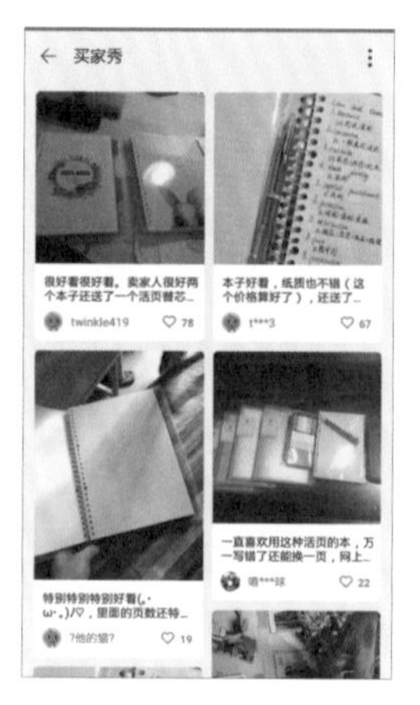

02

系統顯示其他用戶的購買後實際拍攝的照片。

03

點選「←」，回到商品介面。

問大家

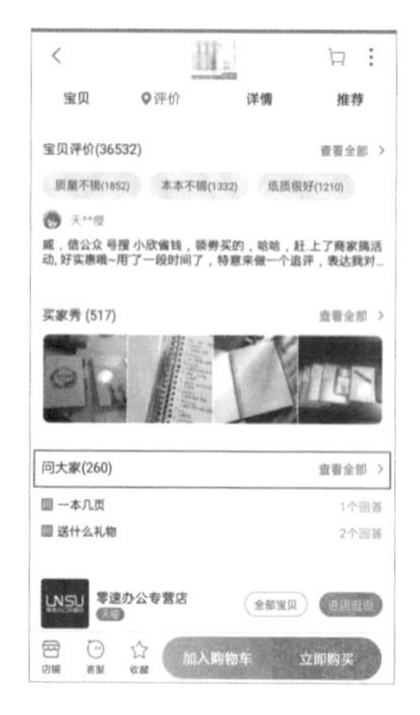

01

點選問大家的「查看全部」。

02

系統顯示其他購買過商品的用戶，回答未購買者的問題。

03

可依照關鍵字進行篩選。

04

點選篩選的關鍵字。【註：此以「翻頁」為例。】

05

點選「提問列」，可向已購買的用戶，提出疑問。

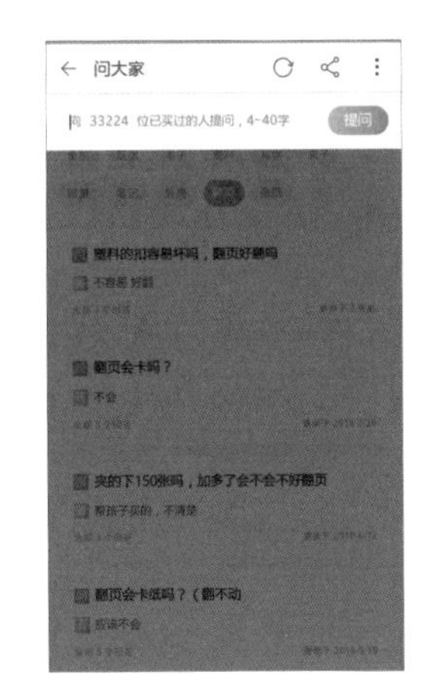

06

進入提問介面，輸入想提問的問題。

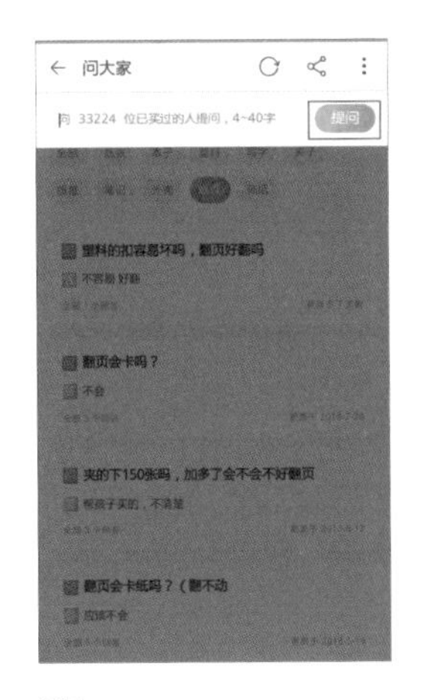

07

點選「提問」，送出對商品的疑問。

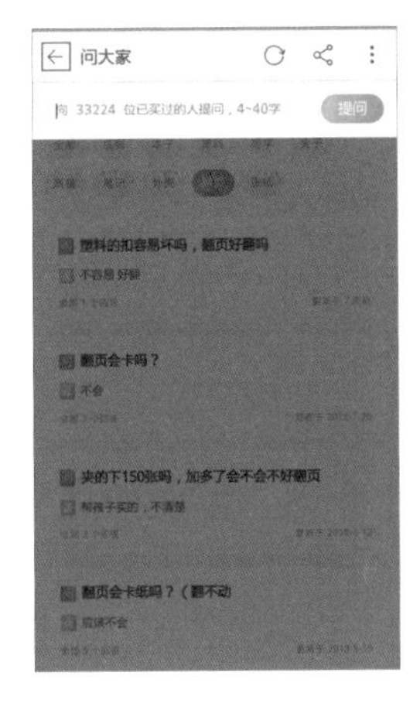

08

點選「←」，回到商品介面。

店鋪評價

將介面向下滑動，可看到店鋪的評價。【註：建議選擇服務品質高的店鋪，避免後續的糾紛。】

3-2-1-3 詳情

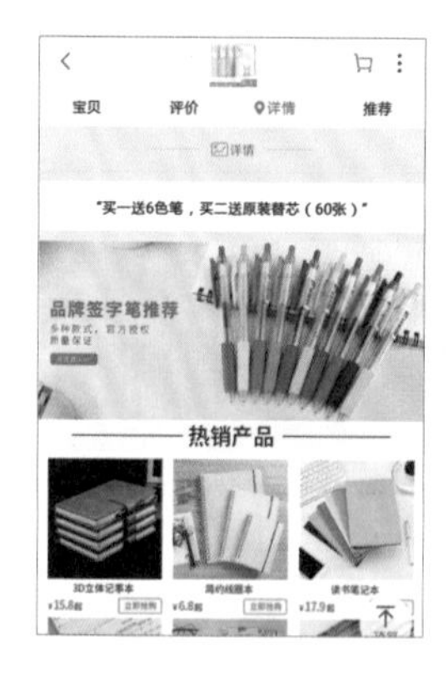

將介面向下滑，可查看商品的相關資訊。

3-2-1-4 推薦

將介面向下滑，系統會顯示出相關的推薦商品。

3-2-2 聯繫店鋪客服

當用戶對商品有疑問時，可以向店鋪的客服進行提問。

01

點選「客服」。

02

進入客服介面。

03

點選「發送寶貝連鏈接」。【註：若是詢問商品細節，會需要發送商品的連結，讓客服能準確回答。】

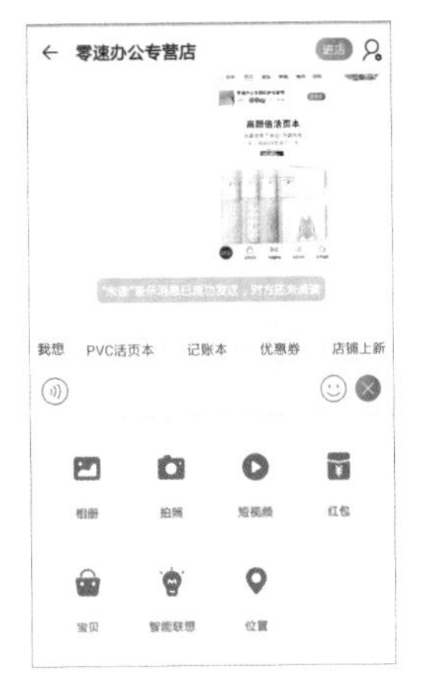

04

客服介面上出現發送商品成功的介面。

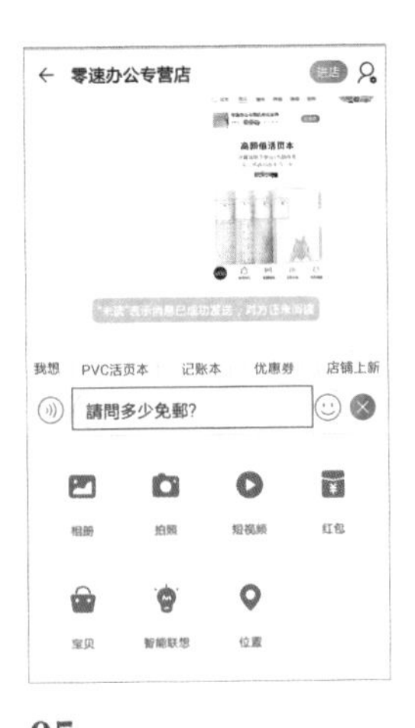

05

在對話框中輸入詢問客服的問題。

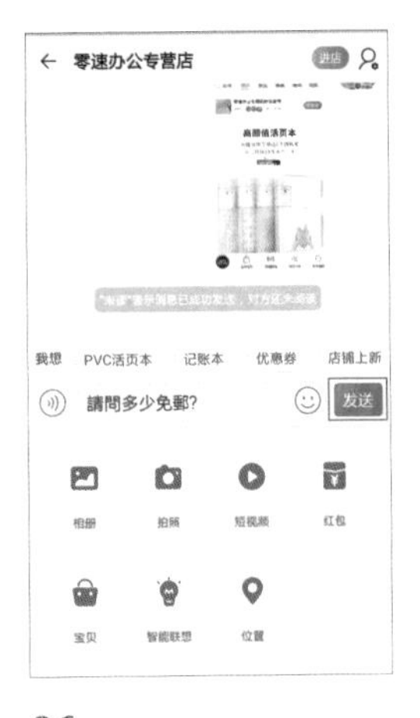

06

點選「發送」。

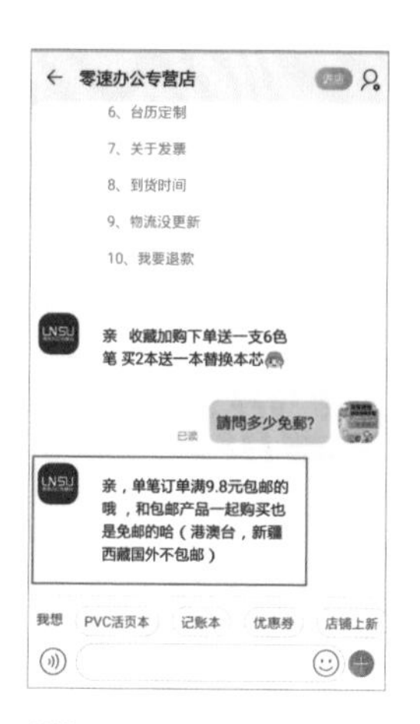

07
等候店家的回覆。

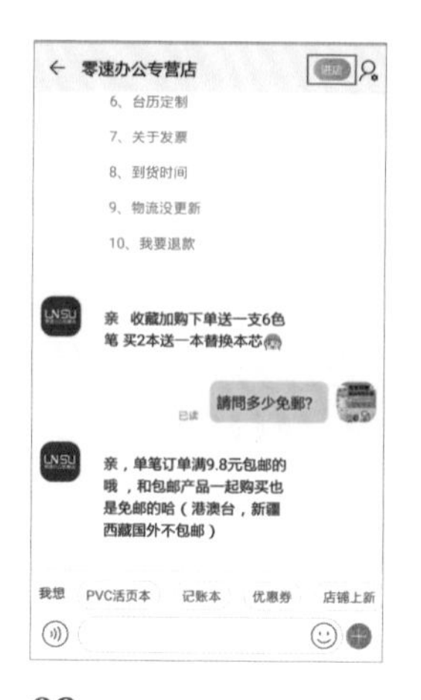

08
在此可點選「進店」。

09
進入商品店鋪，查看店家其他商品。

3-2-3 收藏

可點選收藏，將商品收藏後，之後想購買再加入購物車。

收藏商品

01
點選「收藏」。

02
顯示「已收藏」，代表商品加入收藏夾。

查看收藏商品

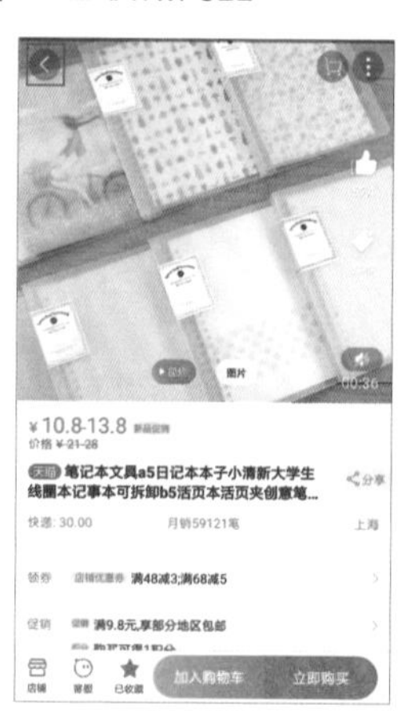

01
點選「<」，回到淘寶首頁。

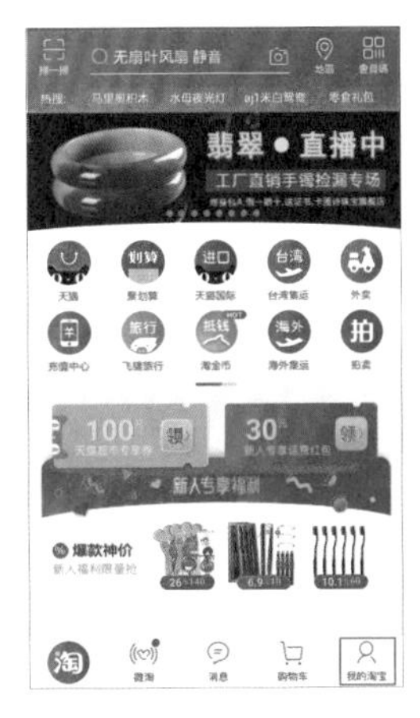

02

點選「我的淘寶」。

03

點選「收藏夾」。

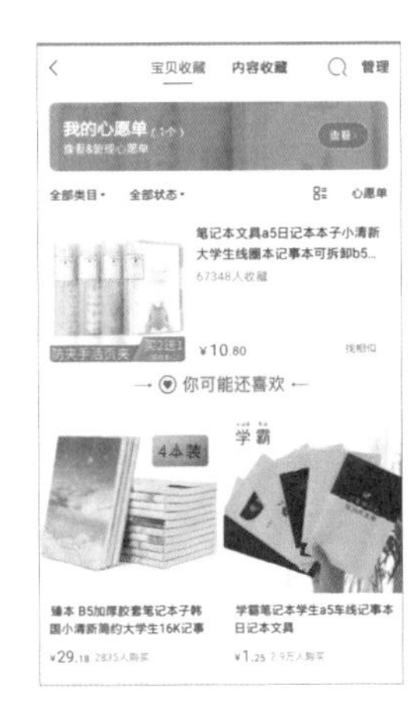

04

進入收藏夾介面，查看已收藏商品。

刪除收藏商品

01

進入收藏夾介面後，點選「管理」。

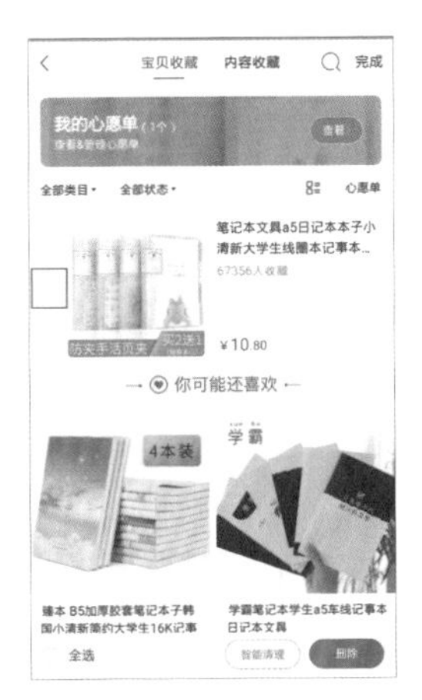

02

點選「○」，選擇要刪除的商品。

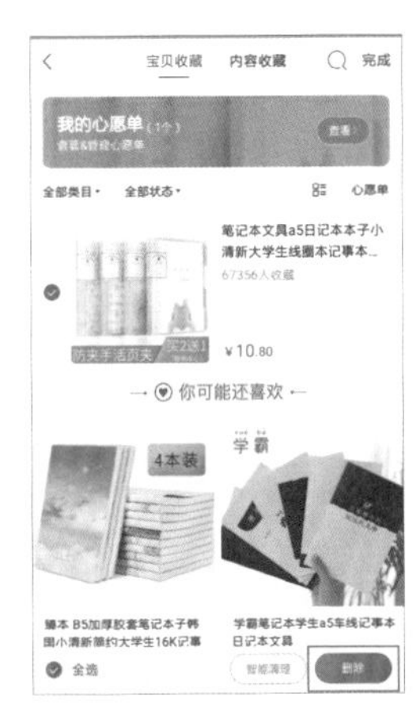

03

點選「刪除」，即可刪除收藏商品。

ARTICLE

3-3

購買商品

Purchase Goods

3-3-1 加入購物車

可先將商品加入購物車，之後再進行商品結帳。

01

在商品介面上點選「加入購物車」。

02

選擇想購買的商品類別。【註：商品會因規格不同有不同的選項，如衣服會有顏色和尺寸等。】

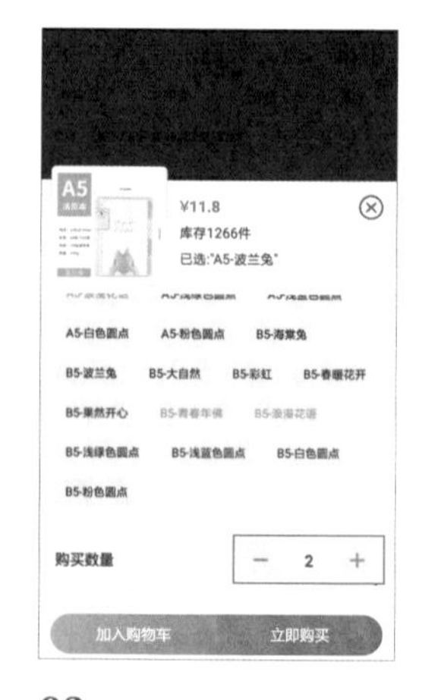

03

將介面下滑，輸入要購買的數量。

04

確認無誤後，點選「加入購物車」。

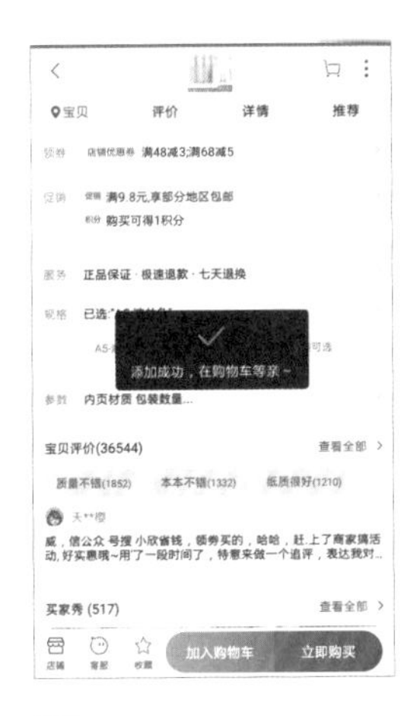

05

系統顯示商品已添加成功。

3-3-2 立即購買

選擇好商品的類別後，會直接跳到結帳介面，所以沒有要立即結帳的用戶，可不點選這功能。

01

在商品介面上點選「立即購買」。

02

選擇想購買的商品類別。【註：商品會因規格不同有不同的選項，如衣服會有顏色和尺寸等。】

03

將介面下滑，輸入要購買的數量。

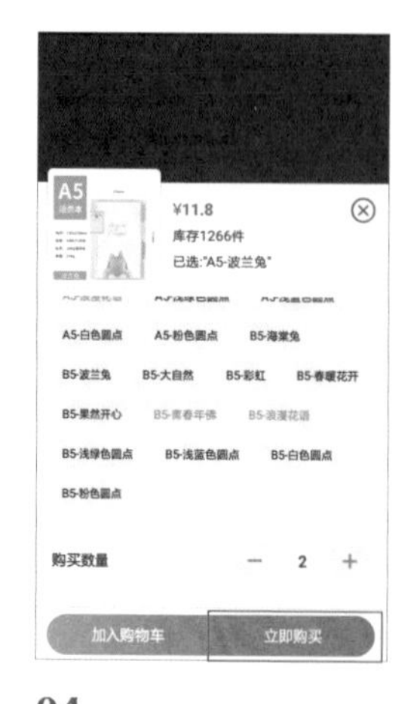

04

確認無誤後，點選「立即購買」。

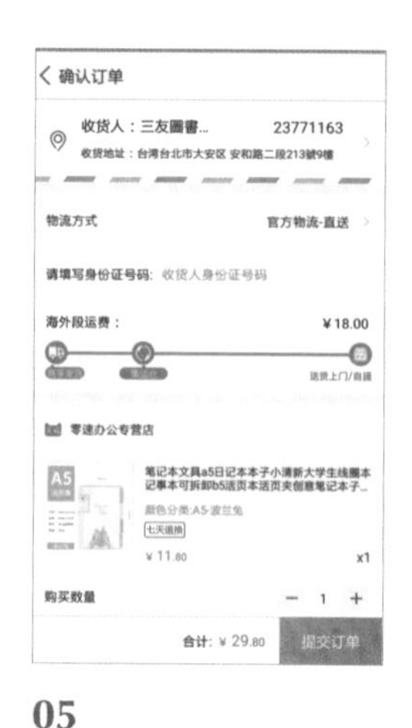

05

系統會自動跳轉至結帳介面。【註：結帳方法請參考3-4-2確認收貨地址 P.89。】

3-3-3 查看購買商品

進入購物車後，可以查看已經加入購物車的商品，並進行結帳、刪除等動作。

3-3-3-1 進入購物車

METHOD 01 從商品介面進入

點選商品介面中的「🛒」。

METHOD 02 從首頁進入

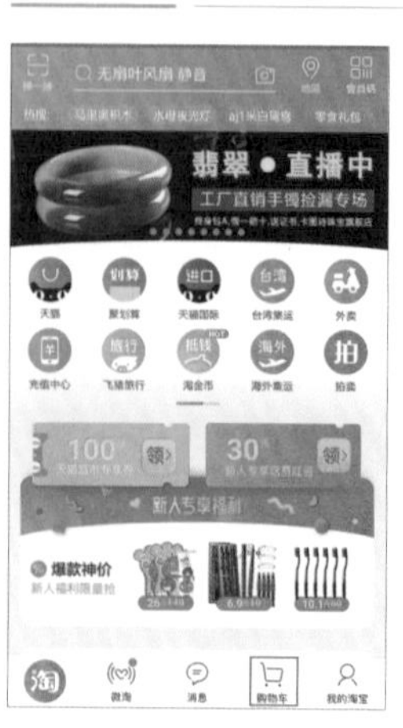

點選首頁介面中的「購物車」。

3-3-3-2 管理購物車

更改商品數量

01

點選「+」可增加商品數量。

02

點選「-」可減少商品數量。【註：最低數量為 1。】

03

商品數量調整完成。

刪除商品數量

01

點選「管理」。

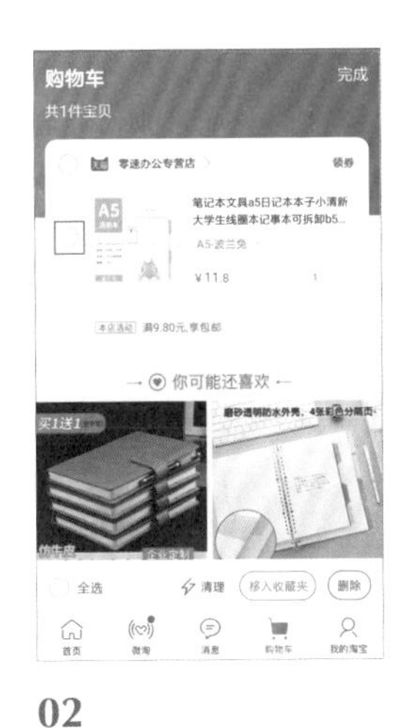

02

點選商品旁「○」，可選擇指定商品。

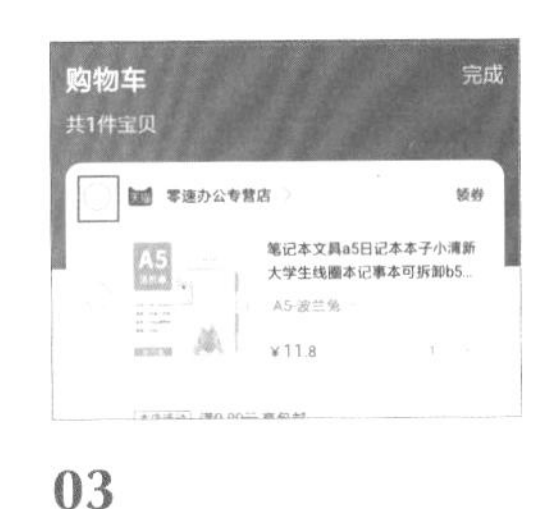

03

點選店鋪旁的「○」，可選擇該店鋪的商品。

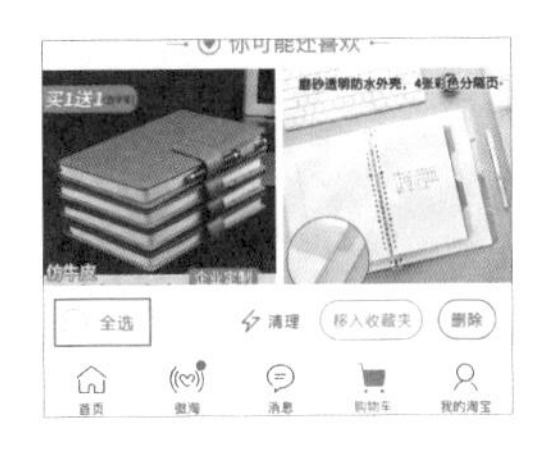

04

點選「全選」，可選擇全部商品。

05

點選「刪除」，系統會跳出確認畫面。

06

點選「我再想想」，會回到購物車。

07

點選「確定」，可刪除用戶指定的商品。

管理單件商品

01

長按購物車商品，可以管理單件商品。

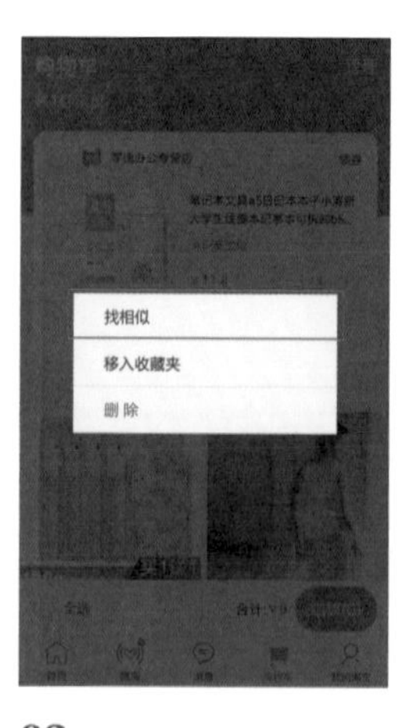

02

點選「找相似」，可找尋相似的商品。

03

點選「移入收藏夾」，可將商品移入收藏夾。

04

點選「刪除」，可刪除商品。

結帳

Checkout

3-4-1 選擇結帳商品

在購物車內可以自由選擇要結帳的商品。

選擇單件商品

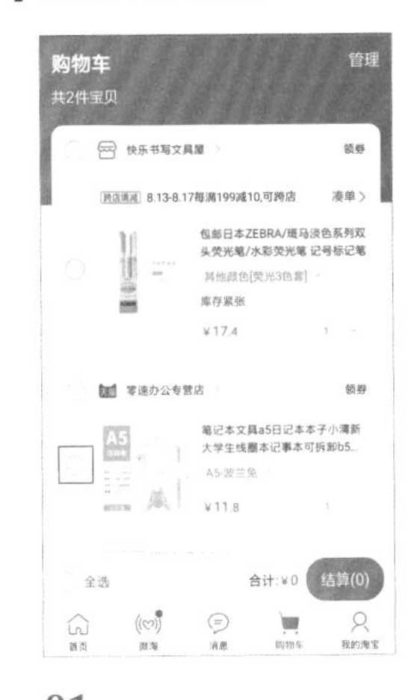

01

點選商品旁的「〇」，選擇要結帳的商品。

02

商品選擇完成。

03

點選「結算」，進入訂單確認介面。

選擇店鋪商品

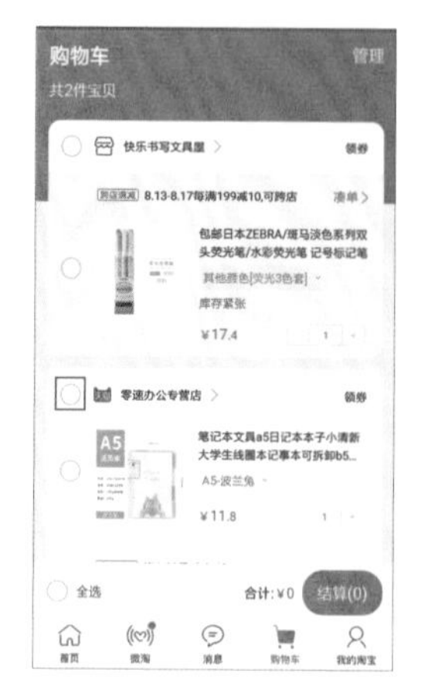

01

點選店鋪旁的「◯」，可選擇購物車內該店鋪的商品。

02

商品選擇完成。

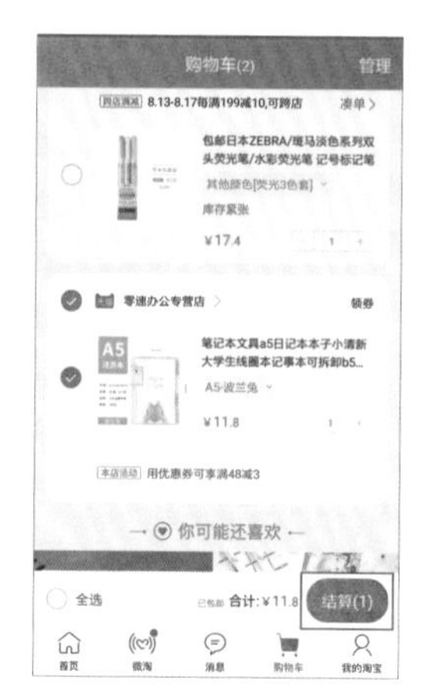

03

點選「結算」，進入訂單確認介面。

選擇全部商品

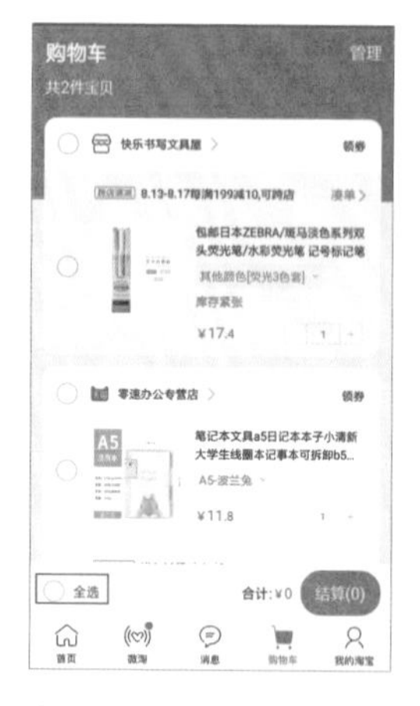

01

點選「◯全選」，可選擇購物車內所有商品。

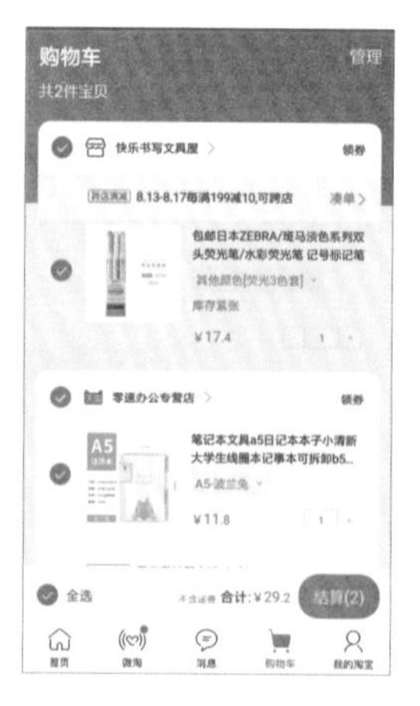

02

商品選擇完成。

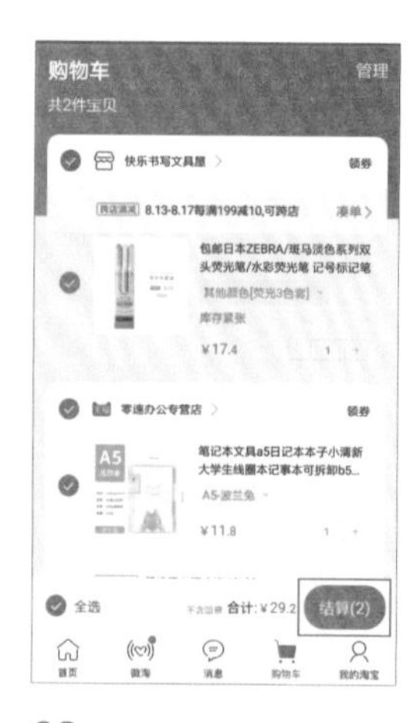

03

點選「結算」，進入訂單確認介面。

3-4-2 確認收貨地址

在收貨地址中可以增加、更改、管理收貨地址。

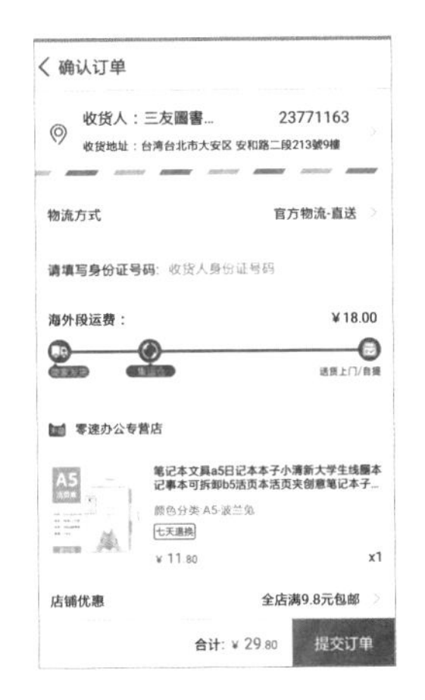

01

進入訂單確認介面。

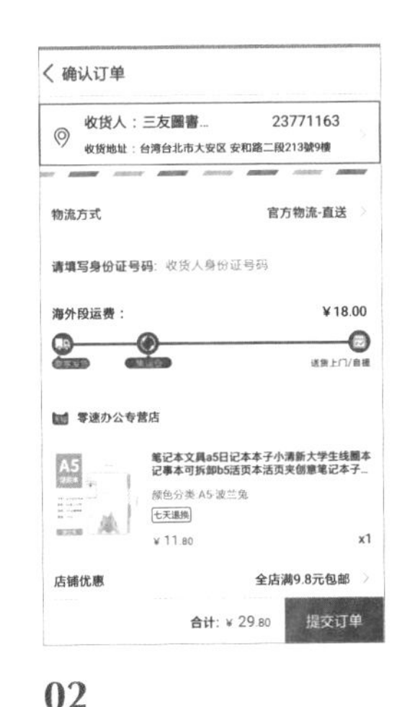

02

點選收貨人的欄位。【註：若沒要更改地址，可跳過此步驟。】

03

進入選擇收貨地址的介面。

3-4-2-1 增加收貨地址

01

點選「添加新地址」。【註：若沒要新增收貨地址，可跳過此步驟。】

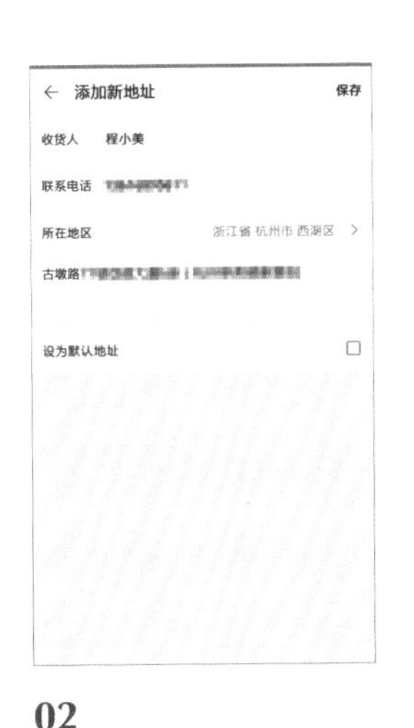

02

填寫新的收貨地址。【註：填寫方式請參考 2-4-2-1 我的收貨地址 P.43。】

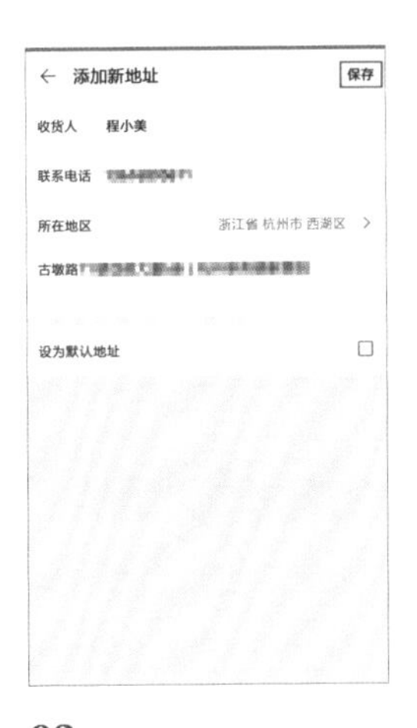

03

點選「保存」。

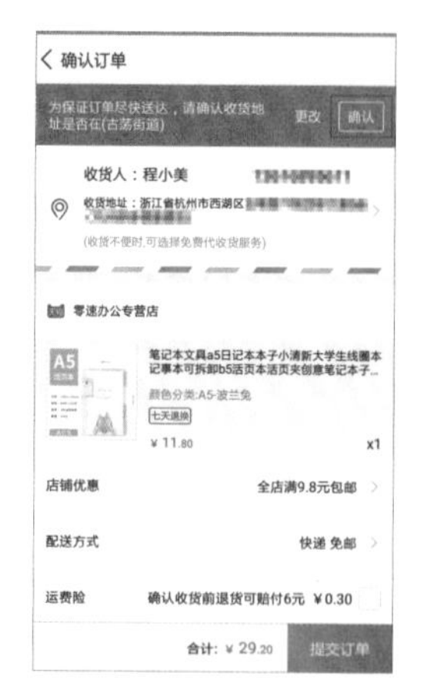

04

點選「確認」。

确认订单
零速办公专营店
笔记本文具a5日记本本子小清新大学生线圈本记事本可拆卸b5活页本活页夹创意笔记本子...
颜色分类:A5-波兰兔
七天退换
¥11.80
x1
店铺优惠
全店满9.8元包邮
配送方式
快递 免邮
运费险
确认收货前退货可赔付6元 ¥0.30
运费险投保须知
发票抬头
个人
买家留言：
选填:填写内容已和卖家协商确认
收货地址：浙江省杭州市西湖区
合计: ¥11.80
提交订单

05

收貨地址修改完成。

3-4-2-2 更改收貨地址

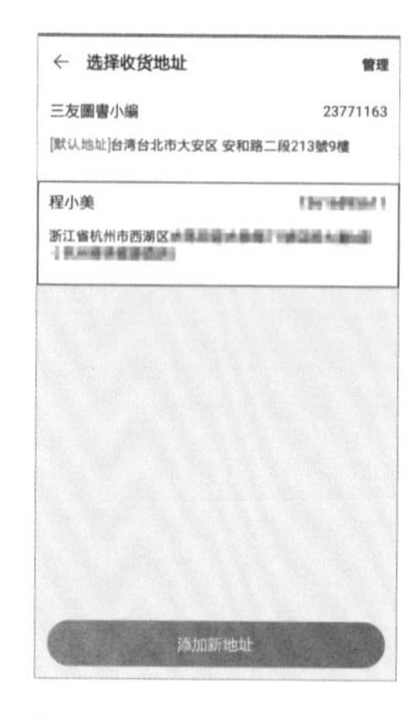

01

選擇要更改的收貨地址。【註：地址要有兩個以上才能修改。】

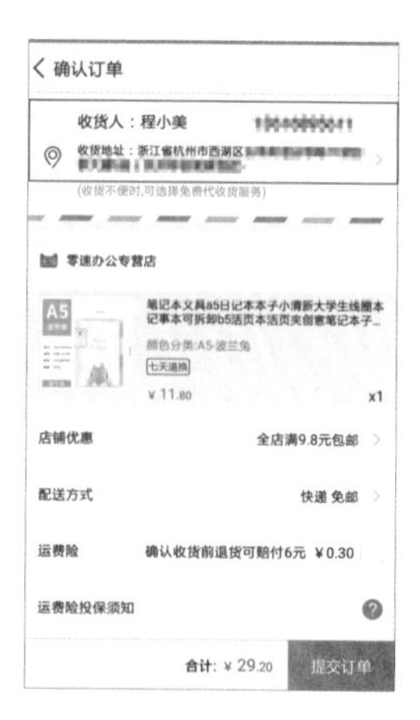

02

地址修改完成。

3-4-2-3 管理收貨地址

01

點選「管理」。

02

進入管理收貨地址的介面。

03

點選「刪除」，可刪除地址。

04

點選「默認地址」，可將地址設為收貨預設地址。【註：此地址以預設為默認地址，系統顯示☑。】

05

點選「編輯」，可編輯地址、收件人、電話。【註：修改方式請參考 2-4-2-1 我的收貨地址 P.43。】

3-4-3 選擇物流

淘寶目前提供直送、集運，以及自行聯繫賣家寄送的方法，用戶可依照個人需求選擇。但若用戶設定地址在中國境內，則不會出現以下物流方式，因以下物流方式為提供給境外用戶使用。

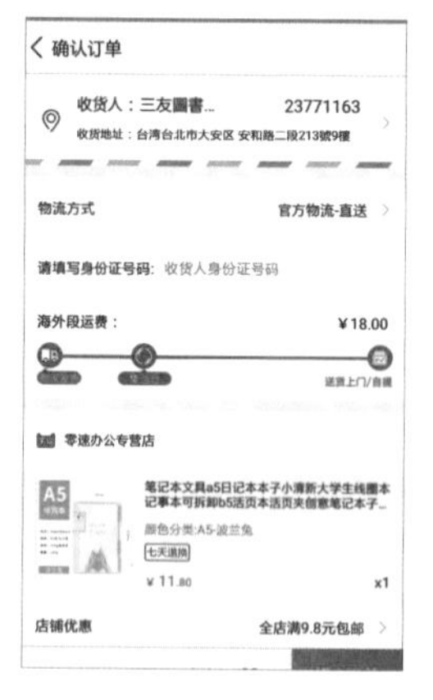

01

進入訂單確認介面，將介面往下滑。

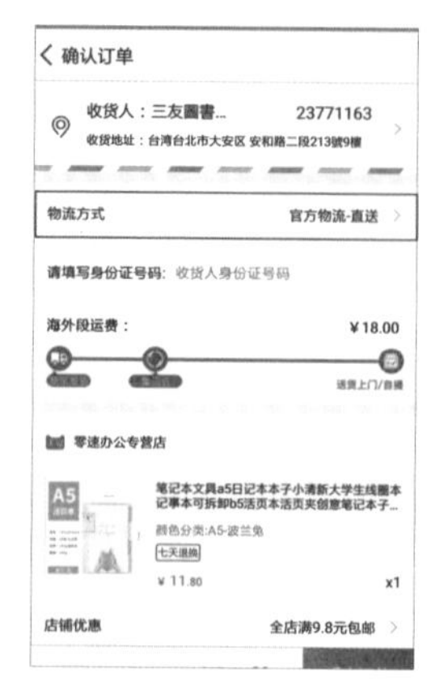

02

點選「物流方式」。

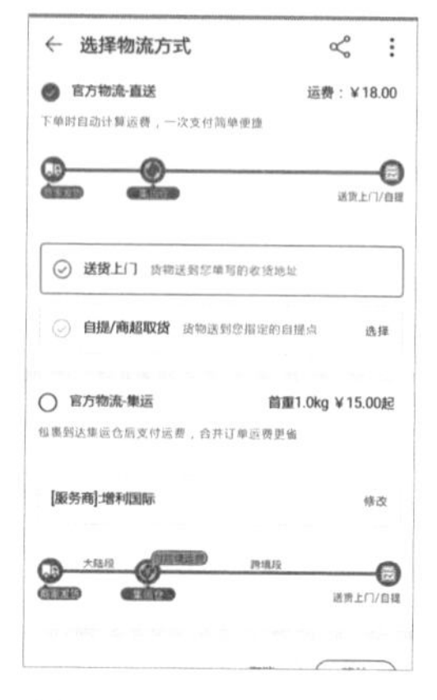

03

進入選擇物流方式的介面。

3-4-3-1 直送

部分淘寶店家都是以中國境內的運送方式為主，若要選擇直送的用戶須先向店家確認能否送達海外。

METHOD 01 送貨上門

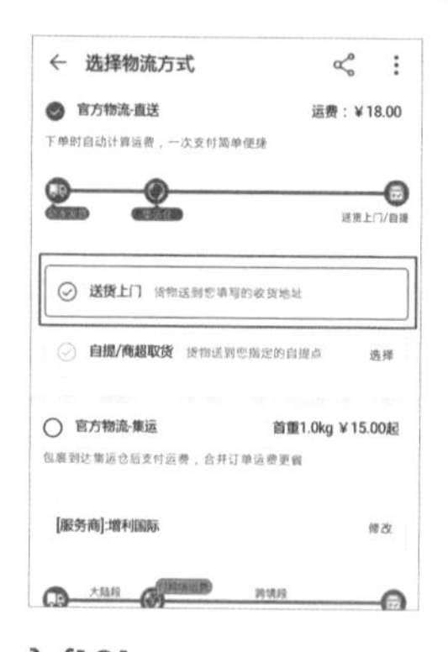

M101

點選「送貨上門」，商品會直接送到用戶指定的收貨地址。

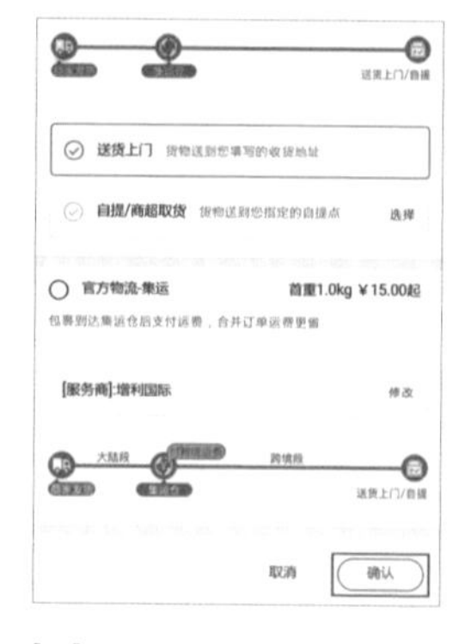

M102

點選「確認」。

M103

填寫收件人身分證字號。

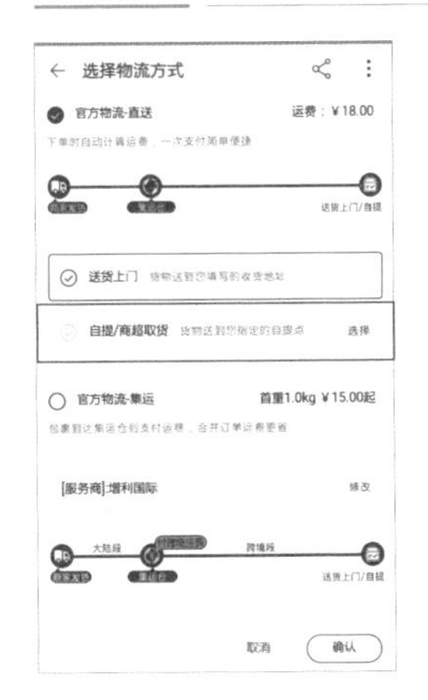

M201

點選「自提／商超取貨」。

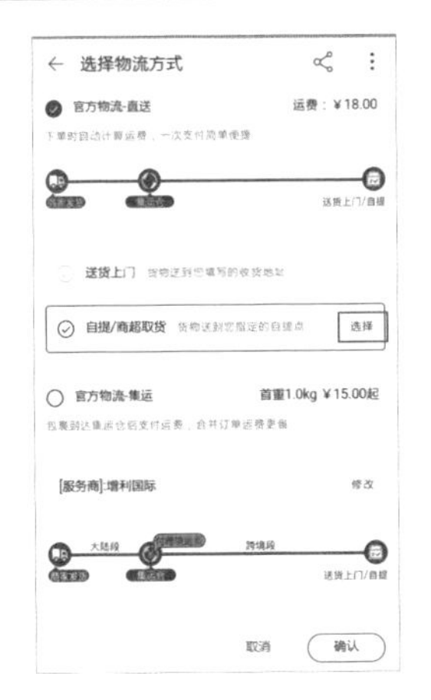

M202

點選「選擇」，進入選擇超商的介面。

M203

選擇收貨的超商，若沒有相符超商，可進入 M204 進行修改。【註：系統會預設用戶當初設定默認收貨地址附近的超商。】

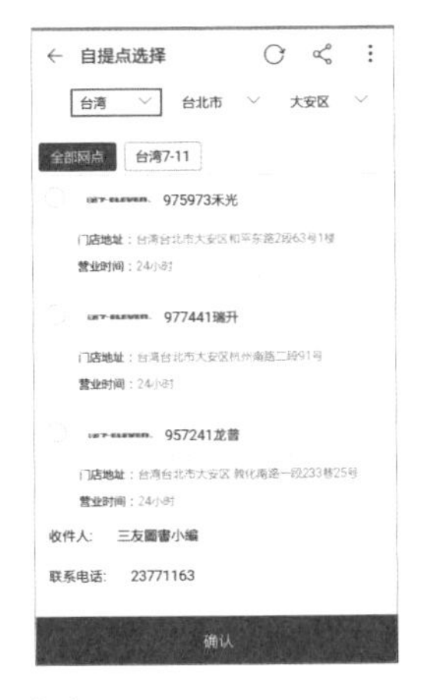

M204

點選「台灣 ﹀」。

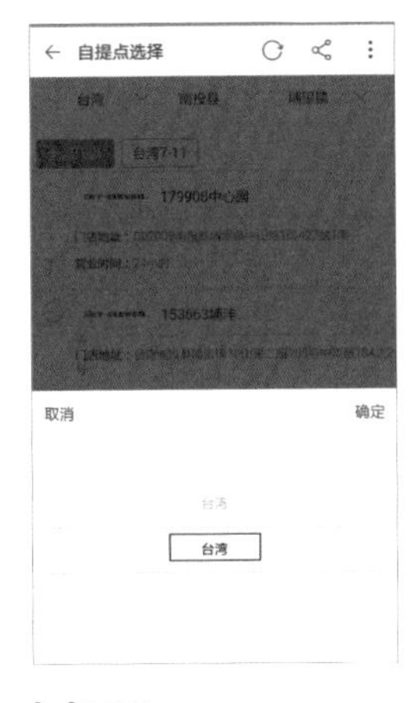

M205

選擇所在國家。

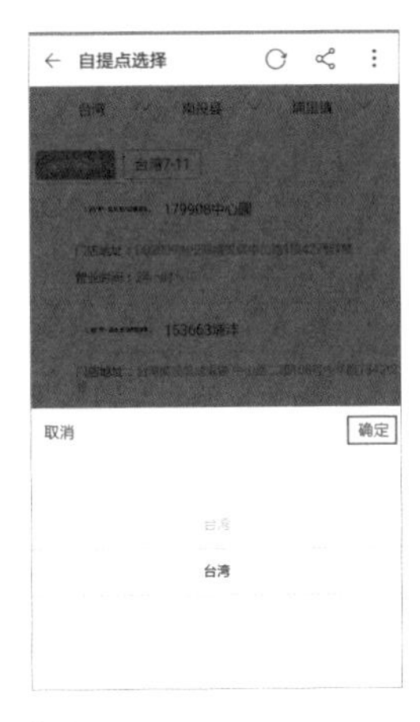

M206

點選「確定」。

M207
點選「台北市﹀」。

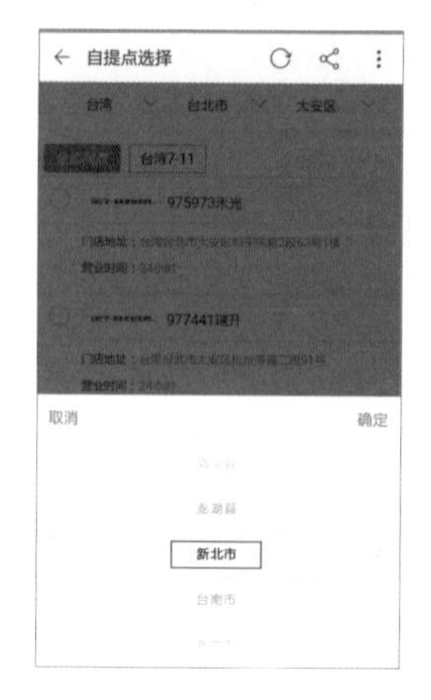

M208
選擇所在城市。

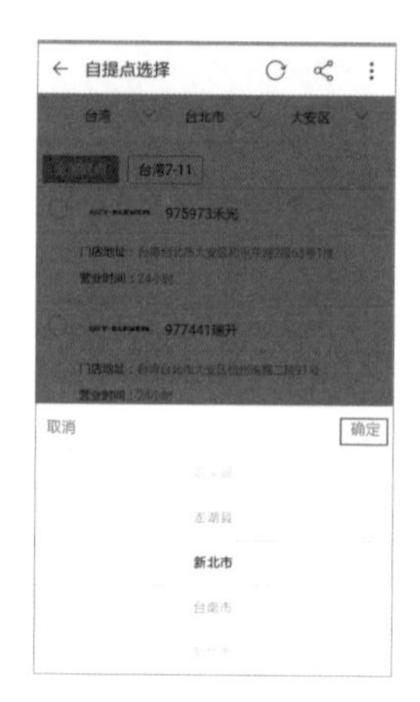

M209
點選「確定」。

M210
點選「萬里區﹀」。

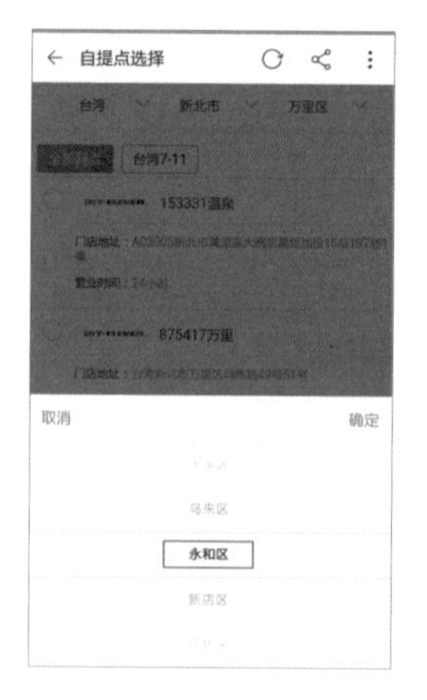

M211
選擇所在區域。

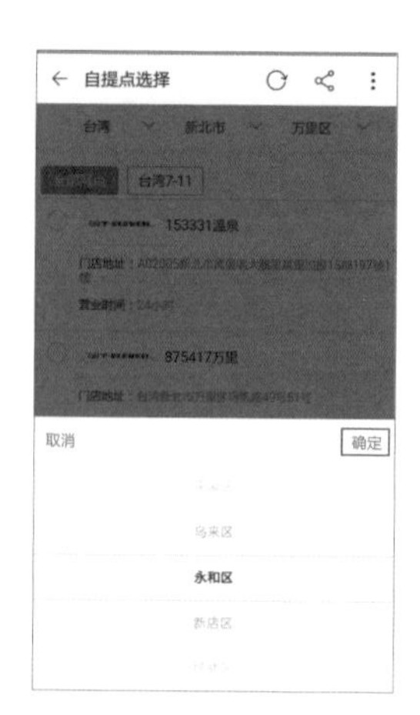

M212
點選「確定」。

M213

選擇收貨的超商。

M214

點選「確認」。

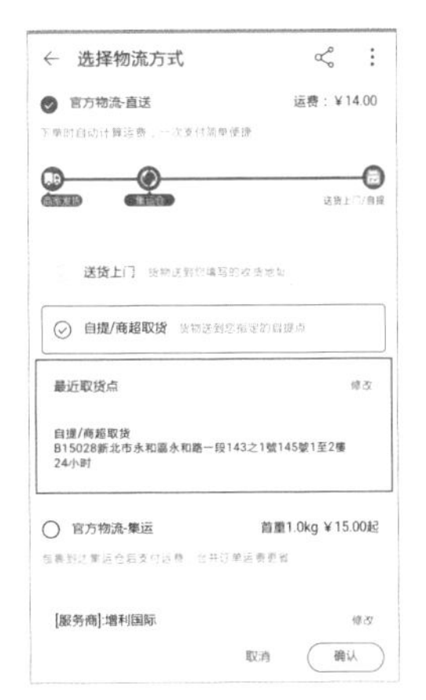

M215

超商取貨點設定完成。

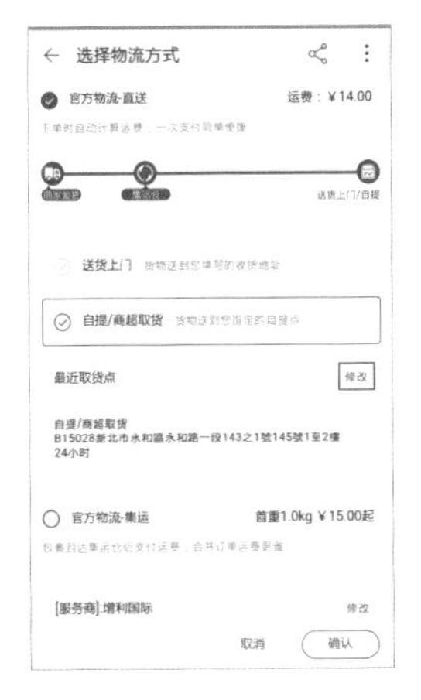

M216

點選「修改」，回到步驟 M204 進行修改。

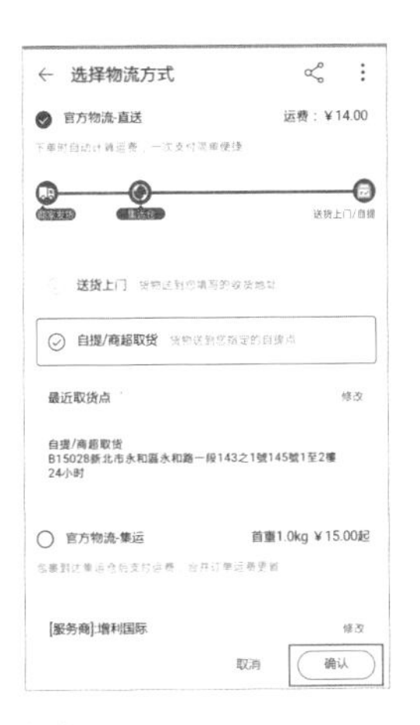

M217

點選「確認」，完成物流選擇。

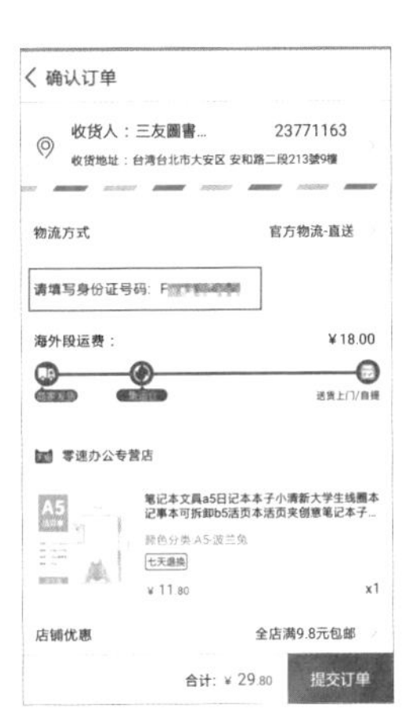

M218

填寫收件人身分證字號。

3-4-3-2 集運

選擇集運時，系統會寄送到官方的集運倉，等到用戶累積到一定的重量及件數時，再選擇一次寄回台灣，但須注意包裹只有 20 天的免費倉儲期，從第 21 天開始會加收 1 元人民幣的倉儲費，且一次只能合包 20 件包裹，用戶在使用時須特別留意。

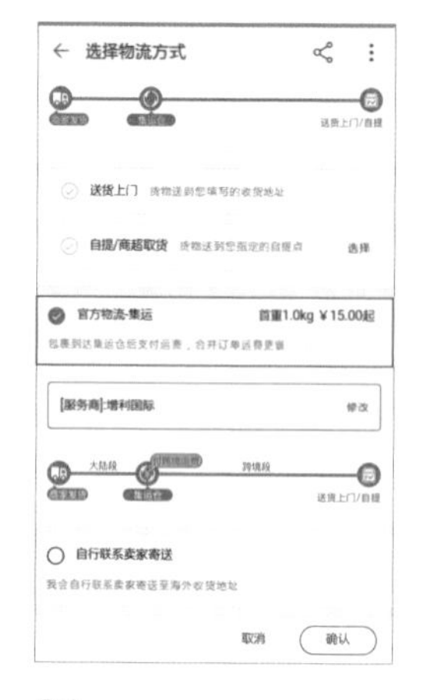

01

點選「官方物流－集運」。

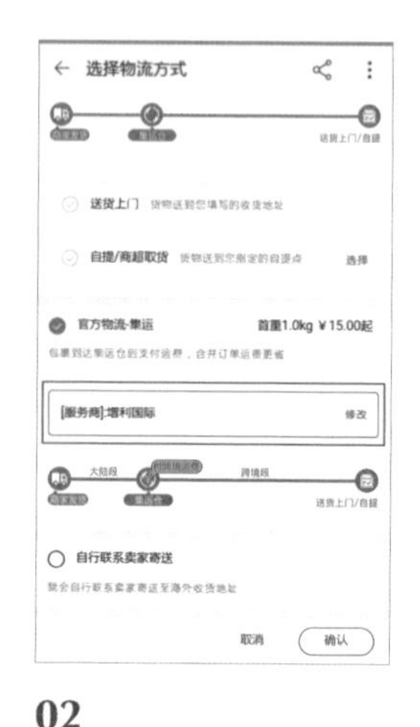

02

系統預設增利國際。

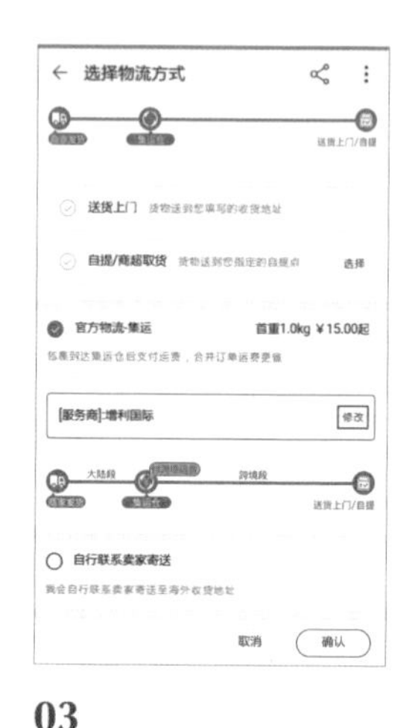

03

點選「修改」。【註：若不修改集運商可跳過以下步驟。】

04

可點選「海外集運服務標準協議」、「注意事項」，閱讀國際集運注意事項。

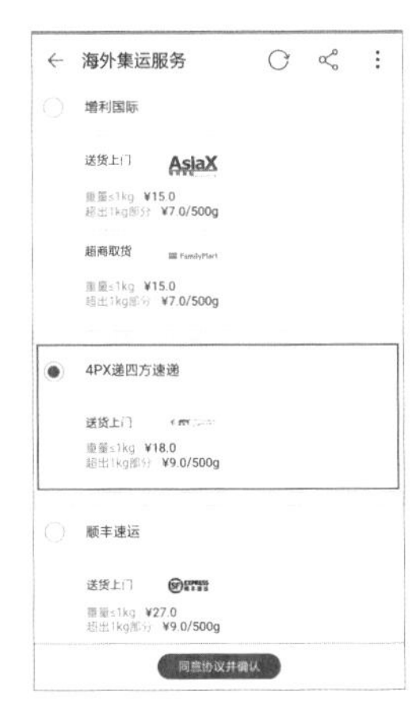

05

選擇要更改的物流。

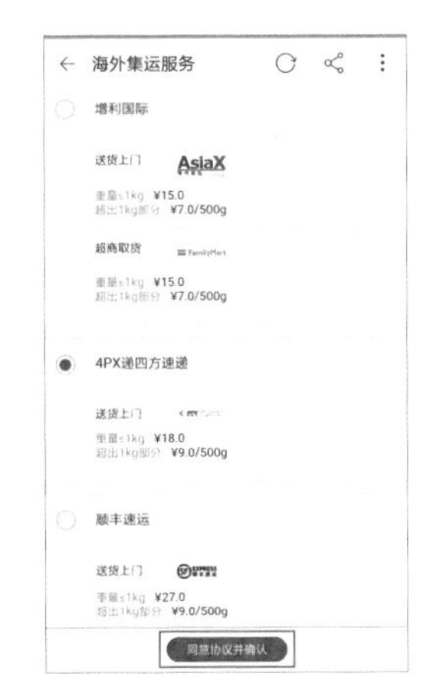

06

點選「同意協議並確認」。

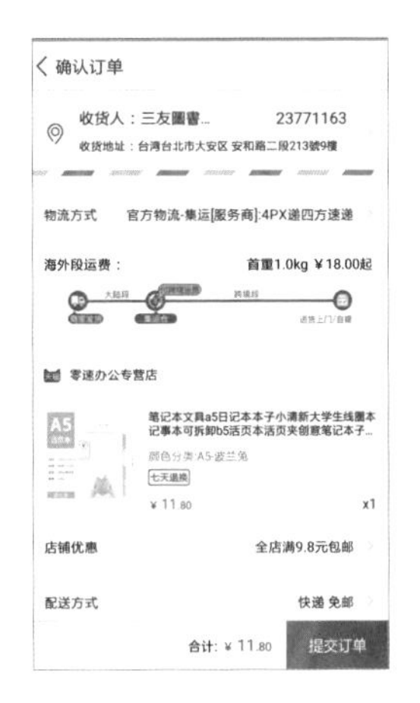

07

系統自動跳轉回訂單介面。

3-4-3-3 自行聯繫賣家寄送

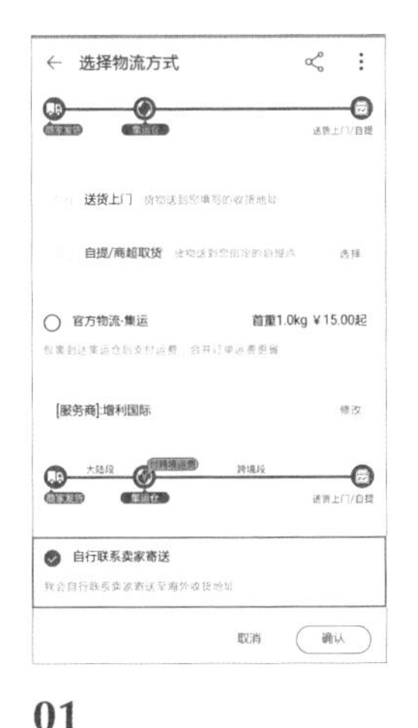

01

點選「自行聯繫賣家寄送」。【註：選擇此寄送方式須先向店家確認是否有提供海外寄送的服務。】

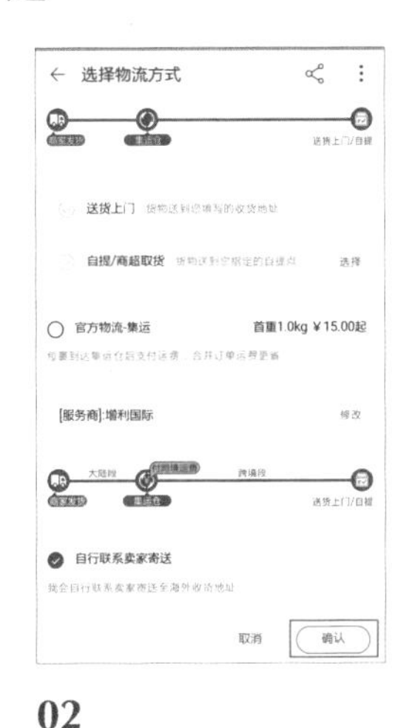

02

點選「確認」，完成物流選擇。

03

系統自動跳轉回訂單介面。

3-4-4 確認購買商品資訊

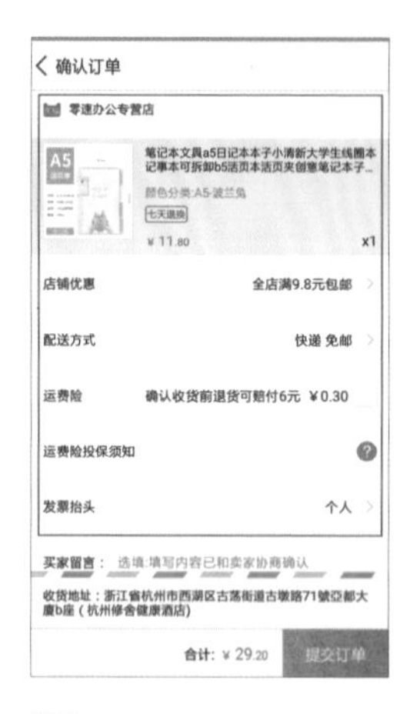

01

確認商品資訊無誤。

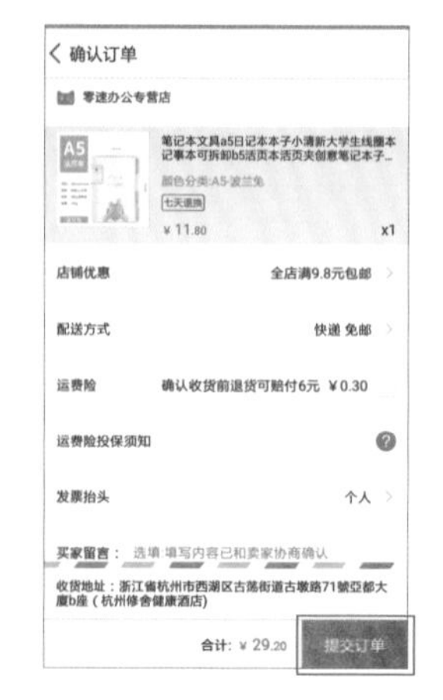

02

點選「提交訂單」。

3-4-5 付款

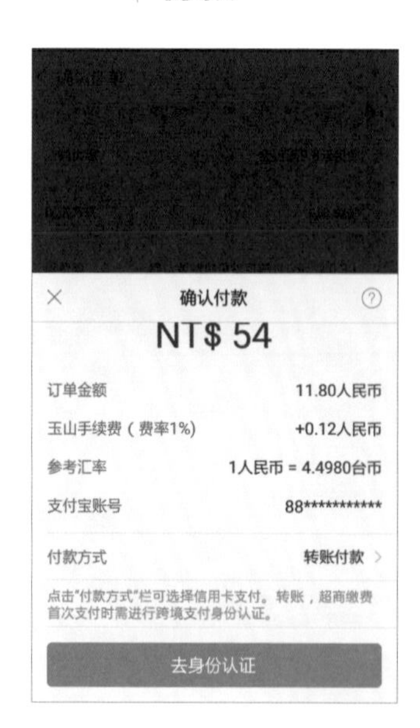

進入付款介面。

3-4-5-1 身分認證

01

點選「去身份（分）認證」。【註：選擇轉帳、超商繳費，且未進行過身份認證的用戶須操作此步驟。】

02

閱讀相關條款。

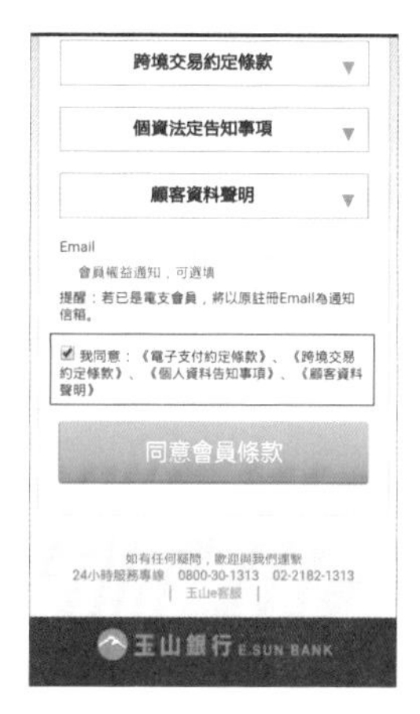

03

點選「✔我同意：《電子支付約定條款》、《跨境交易約定條款》、《個人資料告知事項》、《顧客資料聲明》」。

04

點選「同意會員條款」。

05

依序輸入用戶資料。

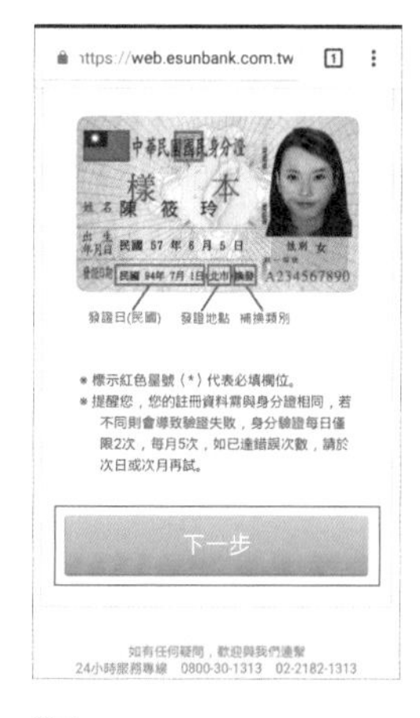

06

點選「下一步」，完成身分認證。

3-4-5-2 選擇付款方式

METHOD 01 轉帳付款

M101
點選「付款方式」。

M102
選擇「轉賬（帳）付款」。

M103
點選「確認結賬（帳）」。

METHOD 02 全家代碼繳費

M201
點選「付款方式」。

M202
選擇「全家代碼繳費」。

M203
點選「確認結賬（帳）」，手機會收到繳費的代碼，用戶須前往全家輸入代碼並繳費。【註：全家會另收新台幣 15 元的手續費。】

METHOD 03 7-ELEVEN 代碼繳費

M301

點選「付款方式」。

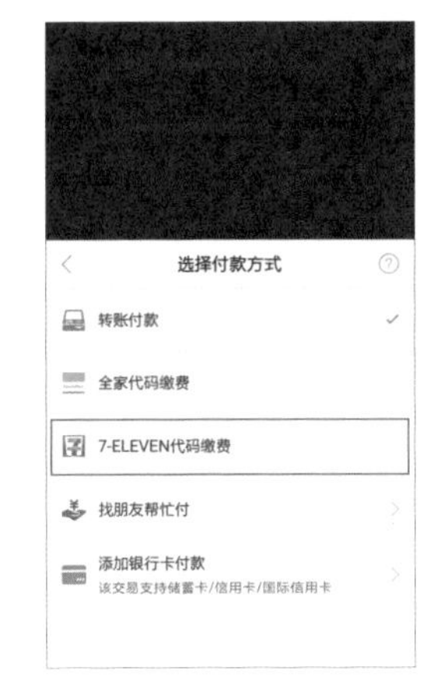

M302

選擇「7-ELEVEN 代碼繳費」，用戶須前往 7-ELEVEN 輸入代碼並繳費。

M303

點選「確認結賬（帳）」。【註：7-ELEVEN 會另收新台幣 15 元的手續費。】

METHOD 04 找朋友幫忙付

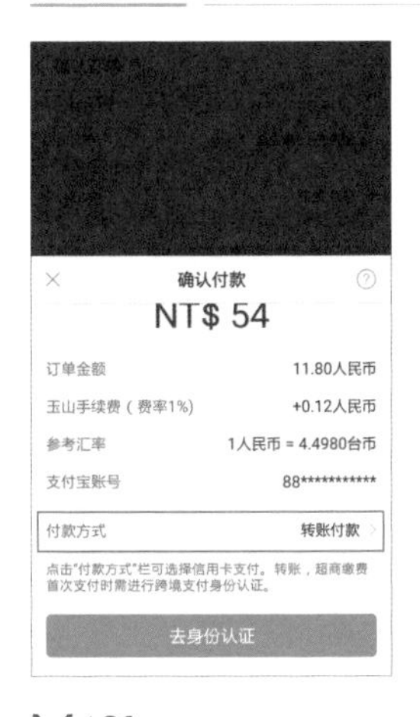

M401

點選「付款方式」。

M402

選擇「找朋友幫忙付」。

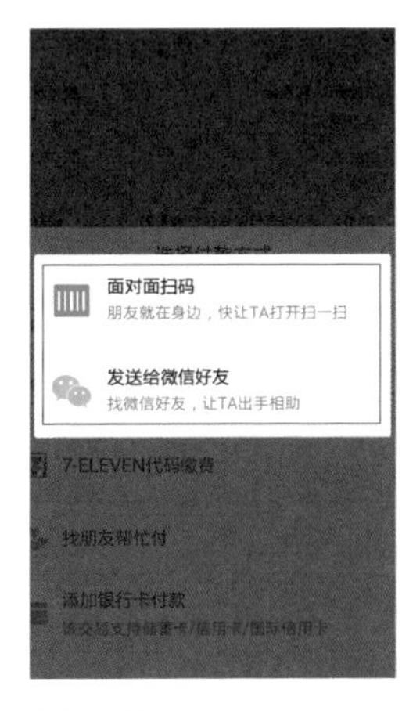

M403

選擇請朋友幫忙付的方式，即可請朋友代為付款。

M501

點選「付款方式」。

M502

選擇「添加銀行卡付款」。

M503

輸入卡號。

M504

點選下一步。

M505

確認應付金額。

M506

將介面下滑，輸入其他銀行卡資訊。

M507

系統預設「保存卡信息」，若不要保存可按住「 」向左拉，以取消設定。

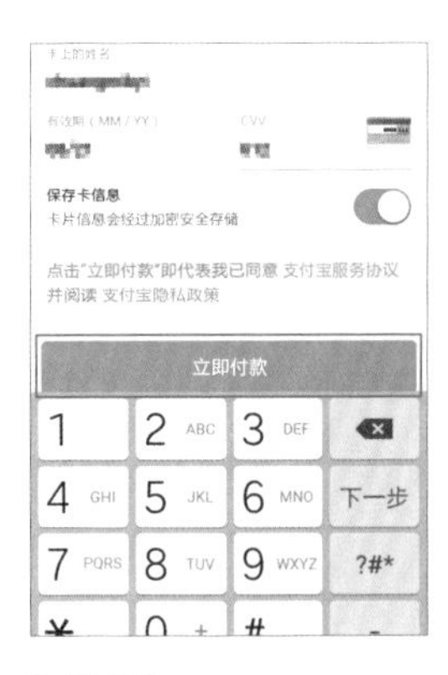

M508

點選「立即付款」。

TIP

若設定保存卡信息，在下次付款時，系統會顯示於付款方式中，可直接點選付款（如左圖）。

ARTICLE
3-5

訂單管理
Order Management

3-5-1 商品狀態

可在「我的淘寶」中查看商品的運送狀態。

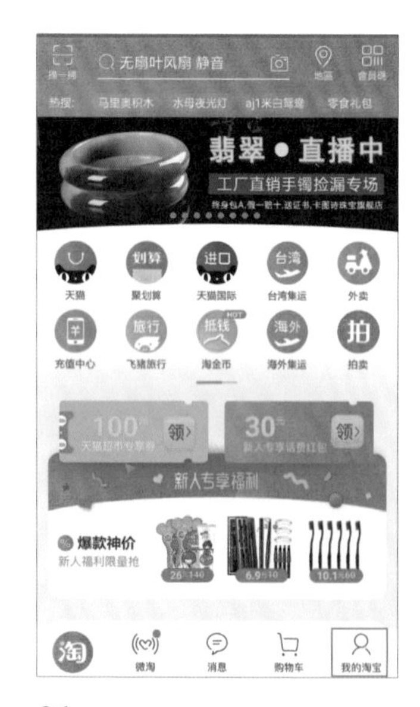

01
點選「我的淘寶」。

02
進入我的淘寶介面。

3-5-1-1 查看物流

當用戶送出訂單時，可以在淘寶 APP 內確認商品運送的狀態及商品目前所在的位置。

01
系統會顯示正在運輸中的商品。

02
點擊「最新物流」中顯示的商品，可看到商品運輸的過程。

3-5-1-2 確認收貨

在商品抵達指定地點時，用戶須點選「確認收貨」，店家才能收到用戶當初預先支付的款項。

01
點選「待收貨」。

02
點選「確認收貨」，系統會跳出輸入交易密碼的介面。【註：須確認已收到商品才能按確認收貨。】

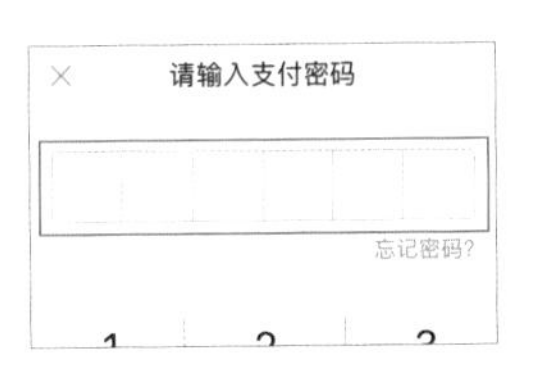

03
用戶輸入支付寶密碼後即完成確認收貨動作。【註：密碼設置請參考 4-1-3 支付寶實名認證 P.127。】

04
交易完成。

3-5-1-3 延長收貨

若商品還沒寄送到指定地點或是要退換貨，但收貨時間已到，可延長貨時間，保障用戶的權益。

01
點選「待收貨」。

02
點選「延長收貨」。

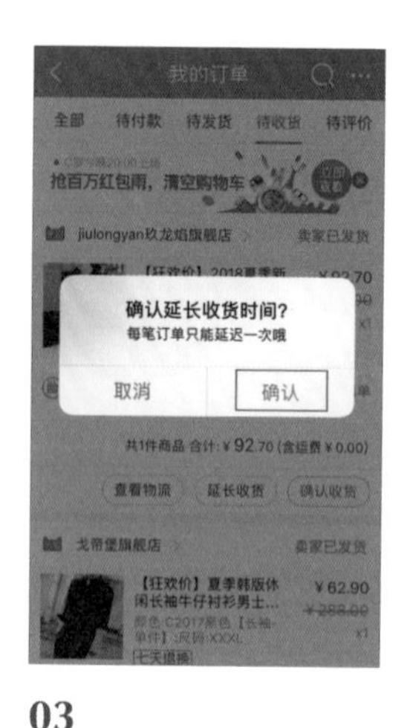

03
點選「確認」。【註：每筆訂單只能延長一次收貨時間。】

3-5-2 評價

在商品購買並收貨完成後，用戶可以針對該商品及店鋪做評價，而淘寶官方也會針對有做評價的用戶給予紅包、小禮物等回饋。

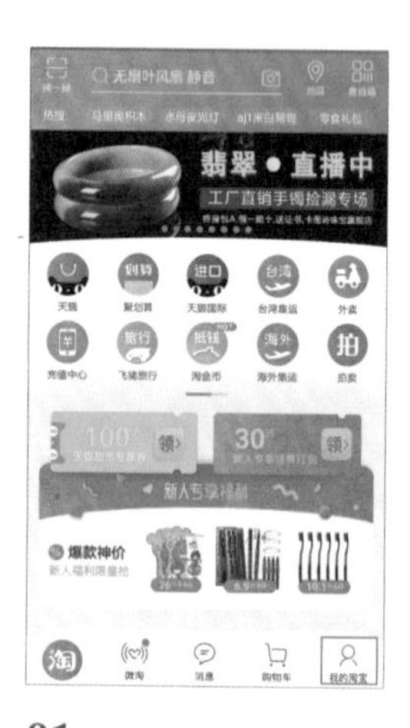

01
點選「我的淘寶」。

02
進入我的淘寶介面。

03
點選「待評價」。

04

系統顯示用戶尚未給予評價的商品。

05

點選「評價」。

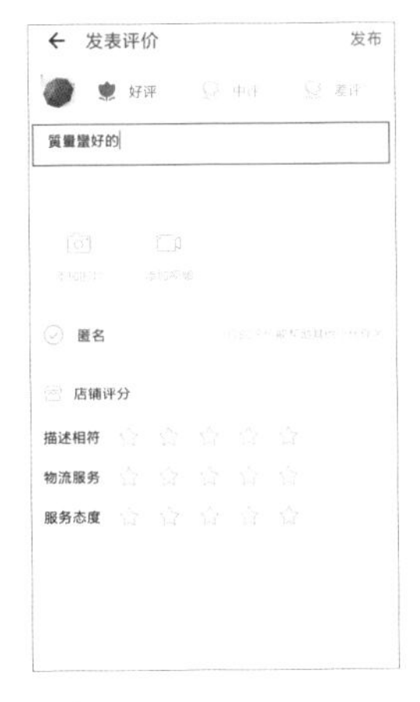

06

輸入對該商品的評價。

07

點選對該店鋪的評分。

08

點選「發布」。

09

商品評價完成。

10

點選「查看我的評價」可查看用戶先前寫過的商品評價。

11

點選「領取禮包」可領取淘寶給予的回饋。

ARTICLE
3-6

官方集運發貨
Official Container Shipping

當物品送到官方集運倉後，用戶可以選擇哪些商品要先送回指定地點。要特別注意的是，官方集運倉一次只能合併 20 個訂單，以及只提供 20 天免費倉儲期，如果超過 20 天，從第 21 天開始會加收人民幣 1 元的倉儲費。

3-6-1 集運

3-6-1-1 選擇包裹

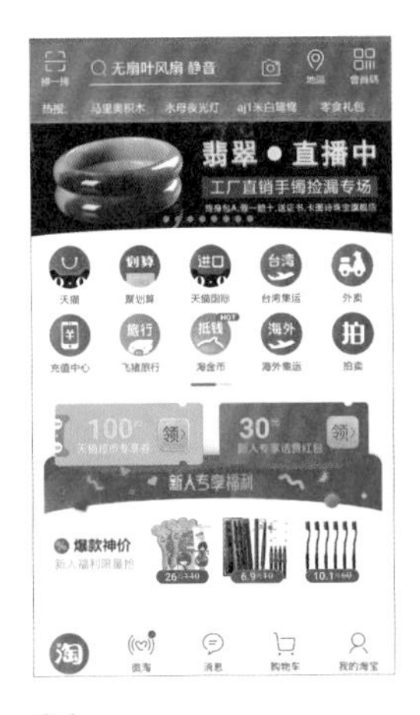

01
進入淘寶首頁。

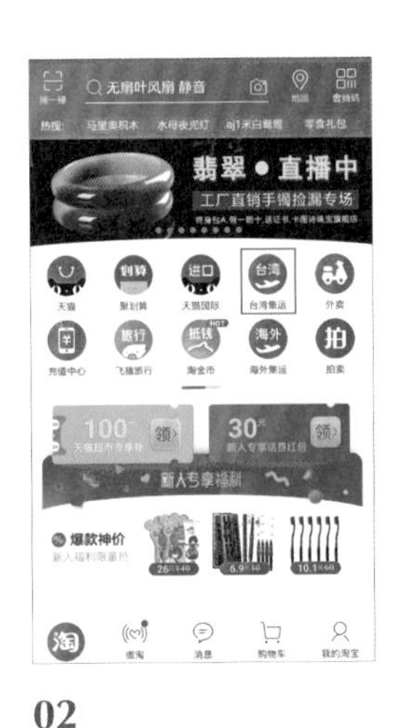

02
點選「台灣集運」。【註：此以台灣集運為例，海外用戶可點選「海外集運」。】

03
進入台灣集運介面。

04

點選「待集運」。

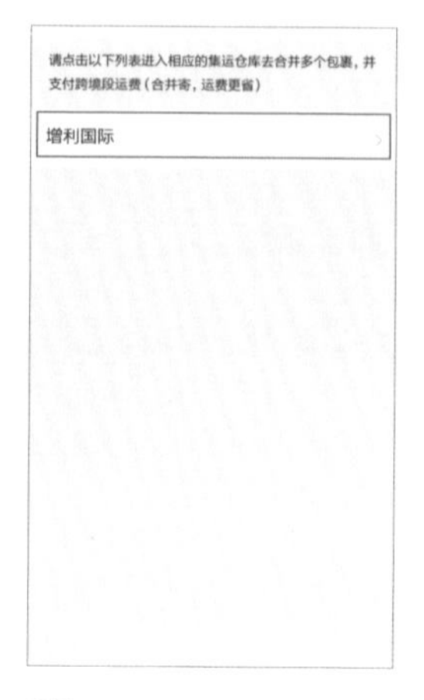

05

選擇商品所在的集運倉。

06

進入「待合包」介面。

07

點選「◯交易訂單號」，
選擇要集運商品。

08

點選「一鍵合包結算」。
【註：不可超過 20 件。】

3-6-1-2 選擇收貨方式

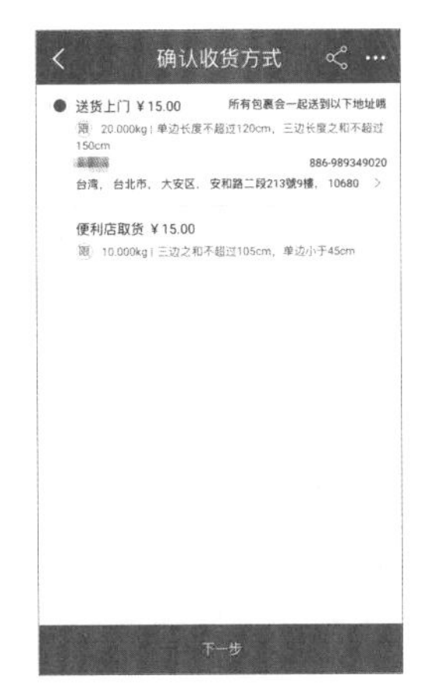

01

選擇收貨方式。【註：有宅配及便利商店取貨兩種方式。】

METHOD 01 宅配

點選「送貨上門」。

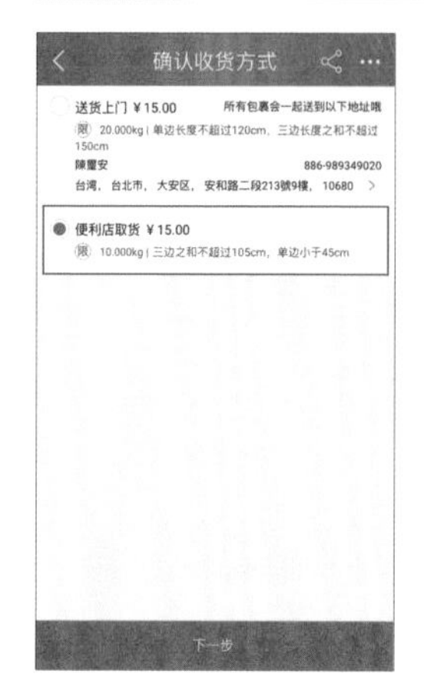

M201
點選「便利店取貨」。

M202
進入選擇便利商店介面。【註：便利商店選擇方法請參考 3-4-3-1 的 Method 2 自提／商超取貨 P.93。】

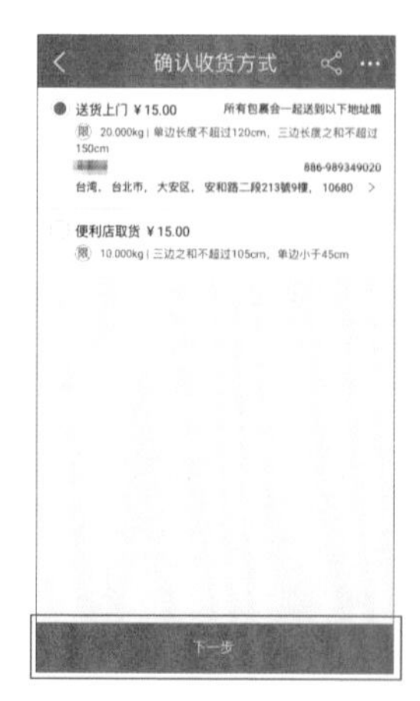

02
點選「下一步」，進入付款介面。

3-6-1-3 選擇付款方式

01

輸入身分證字號。

02

確認訂單無誤後，點選「提交並支付」。

03

選擇付款方式。【註：付款方式請參考 3-4-5-2 選擇付款方式 P.100。】

04

點選「立即付款」。

05

付款完成。

3-6-2 訂單管理

可在訂單管理，確認包裹所在位置，以及點選確認海外物流的部分，有收到貨品時，要點選確認收貨，支付寶才會將款項撥給物流公司。

3-6-2-1 查看物流

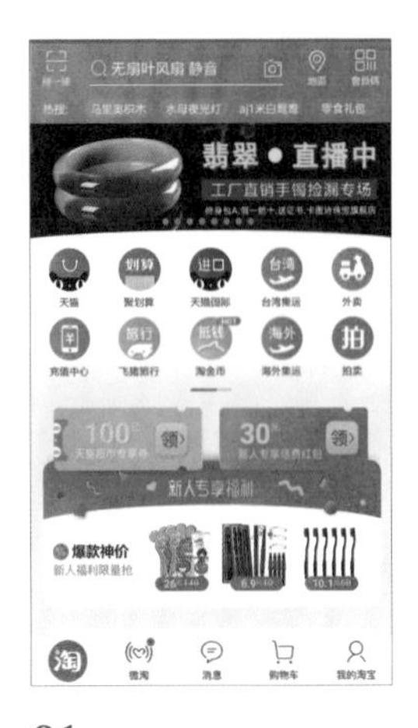

01

進入淘寶首頁。

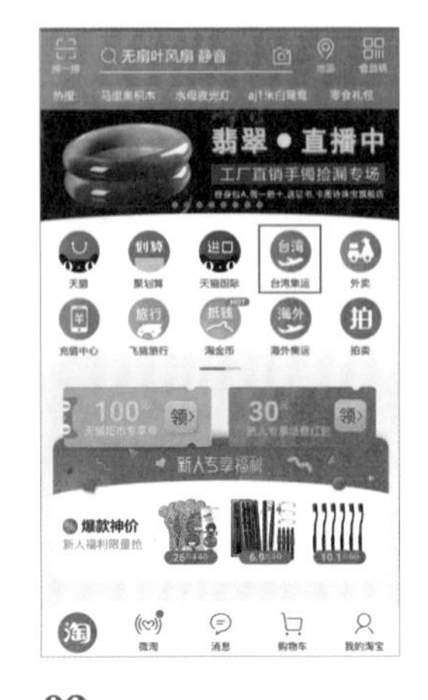

02

點選「台灣集運」。【註：此以台灣集運為例，海外用戶可點選「海外集運」。】

03

進入台灣集運介面。

04

點選「物流訂單」。

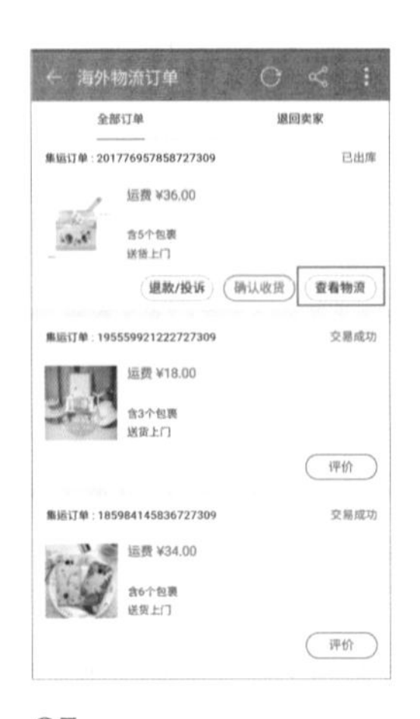

05

點選「查看物流」。

06

可查看包裹所在位置。

3-6-2-2 確認收貨

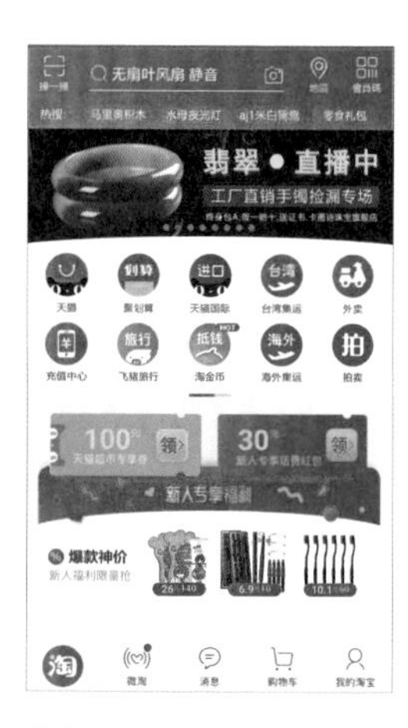

01

進入淘寶首頁。

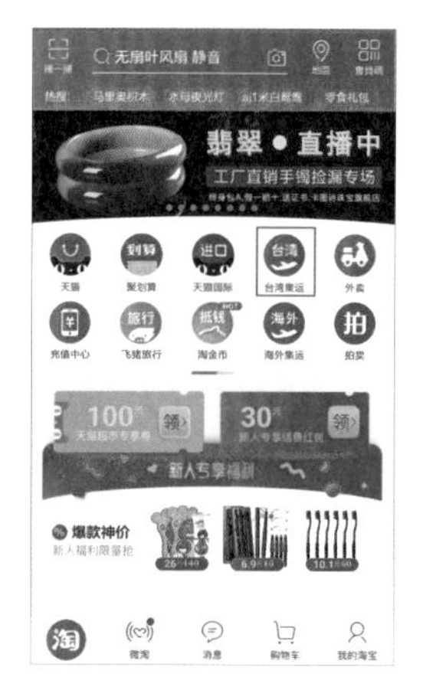

02

點選「台灣集運」。【註：此以台灣集運為例，海外用戶可點選「海外集運」。】

03

進入台灣集運介面。

04

點選「物流訂單」。

05

點選「確認收貨」，系統會跳出輸入交易密碼的介面。【註：須確認已收到集運包裹才能按確認收貨。】

06

用戶輸入支付寶密碼後即完成確認收貨動作。【註：密碼設置請參考 4-1-3 支付寶實名認證 P.127。】

3-6-3 其他常用介面說明

3-6-3-1 集運倉介面說明

異常包裹

異常包裹通常是用戶寄送了集運倉拒收的包裹，而集運倉的簽收人員會將包裹退回給店家，中間產生的運費會從用戶當初支付商品的費用中扣除，所以第三方支付（支付寶）退回給用戶的款項，是扣除退貨運費的金額，非當初支付商品的金額，所以選擇官方集運的用戶，要特別留意哪些物品是集運倉拒收的商品類別。

01
進入集運倉介面，點選「異常包裹」。

02
進入異常包裹介面，若有異常包裹，用戶須點選「退貨」，款項會扣除運費後退給用戶。

待入庫

01

進入集運倉介面，點選「待入庫」。

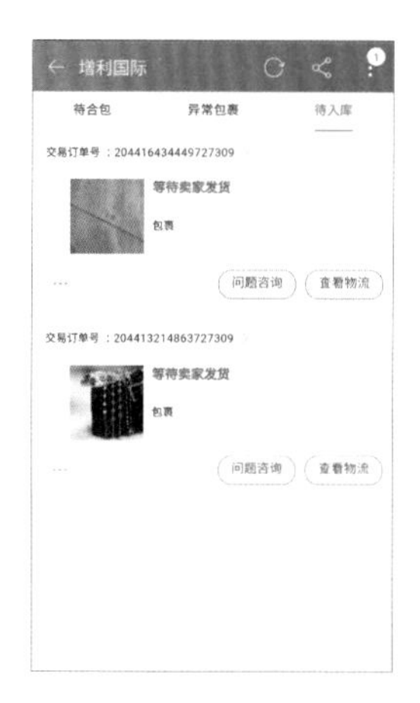

02

顯示尚未寄送到集運商的包裹。

3-6-3-2 退貨方式

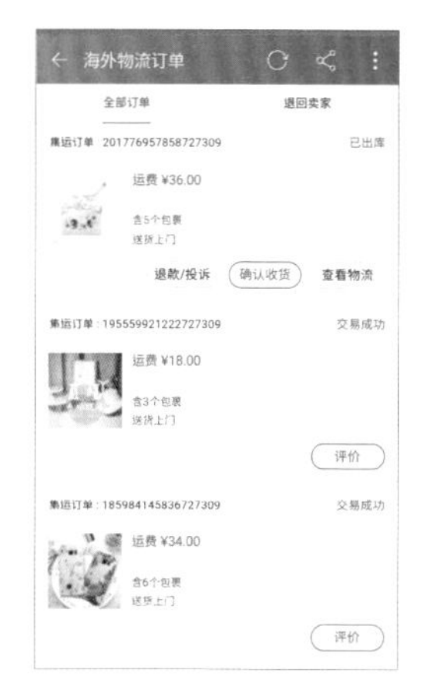

01

進入物流訂單介面。

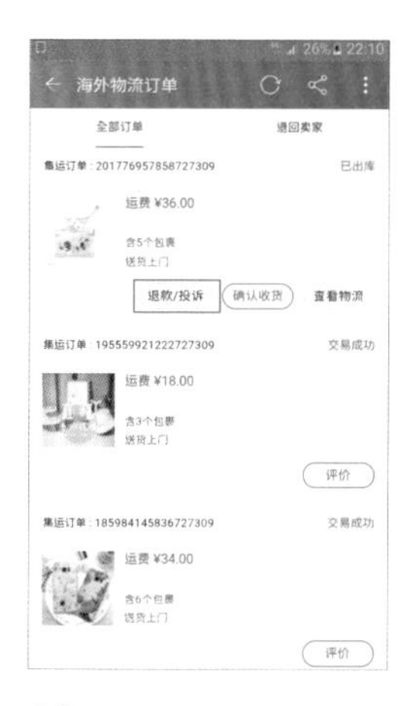

02

點選「退款／投訴」。【註：退款、退貨方法請參考 3-7 退貨、退款方法 P.118。】

ARTICLE

3-7

退貨、退款方法

Method Of Return & Refund

3-7-1 退款

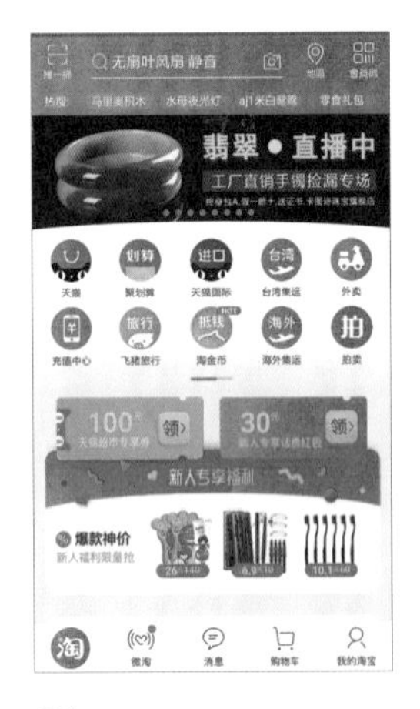

01

點選「我的淘寶」。

02

點選「待發貨」。

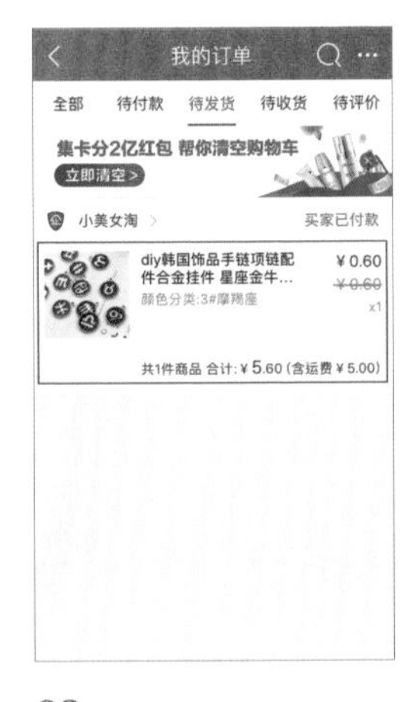

03

選擇要退款的商品。

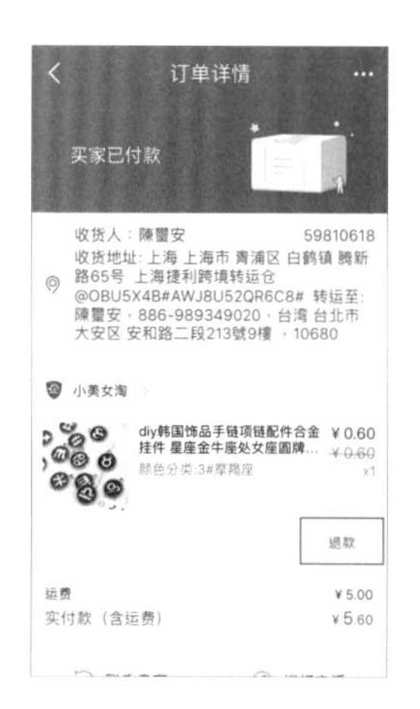

04

點選「退款」。

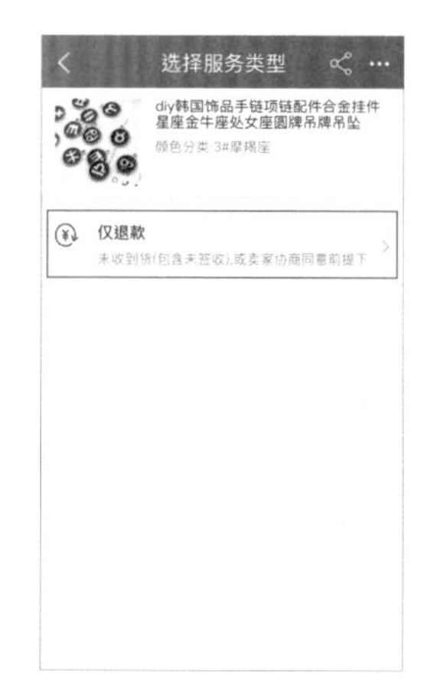

05

點選「僅退款」。【註：因商品尚未出貨，所以不會出現退貨退款的選項。】

06

點選「退款原因」。

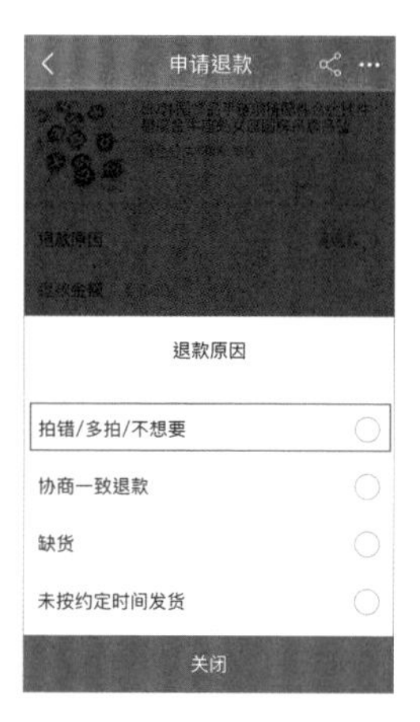

07

選擇退款原因。

08

填入退款說明。【註：此步驟可跳過不填。】

09

點選「提交」。

10

退款程序操作完成。【註：須等店家同意退款後，第三方支付（支付寶）才會將款項退給用戶。】

11

若後續決定不退款，可點選「撤銷申請」。

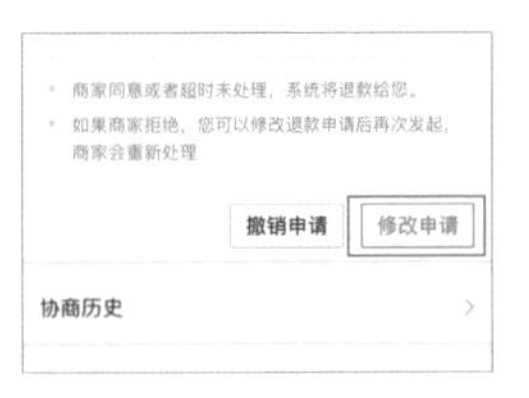

12

若要調整退款內容，可點選「修改申請」。

13

若要看過去協商的紀錄，可點選「協商歷史」。

3-7-2 退貨及退款

在淘寶購買東西，用戶要能承擔商品與預期不符的風險。因為如果要退換貨，用戶就要承擔昂貴的國際運費，有時可能商品的價值低於運費。所以當選擇要退換貨時，用戶要確認商品價值是否相符。

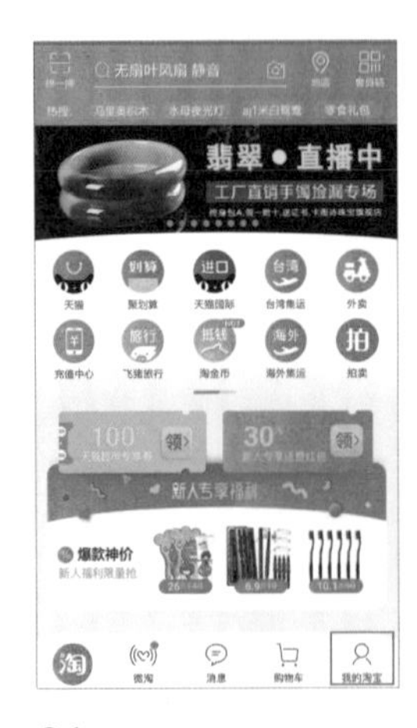

01

點選「我的淘寶」。

02

點選「待評價」。

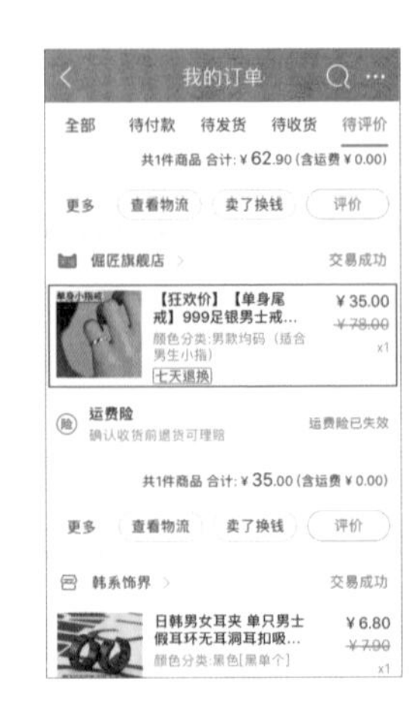

03

點選要退貨的商品。

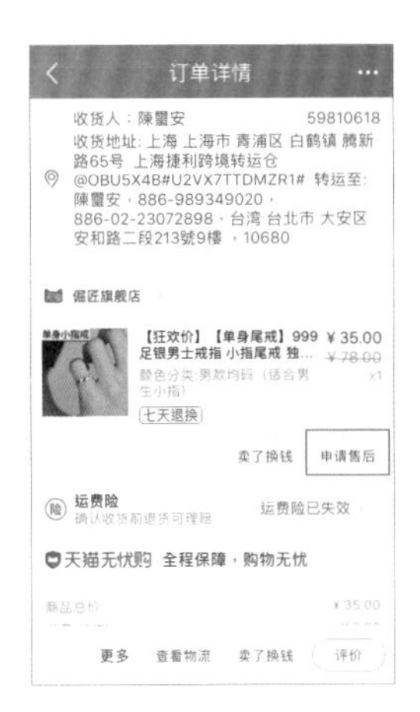

04

點選「申請售後」。

05

點選「退貨退款」。

06

點選「退款原因」。

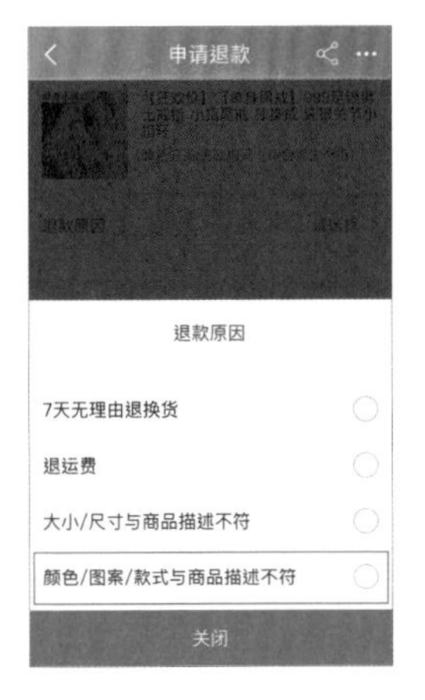

07

選擇退款原因。

08

點選「提交」，即完成退款程序。【註：須等店家同意退款後，第三方支付（支付寶）才會將款項退給用戶。】

TIP

退貨時選擇直送的用戶須自行將包裹寄回原店鋪，通常由用戶支付國際運費，店家不會協助支付。

3-7-3 確認退款進度

可在退款中，查看店家退款的進度。

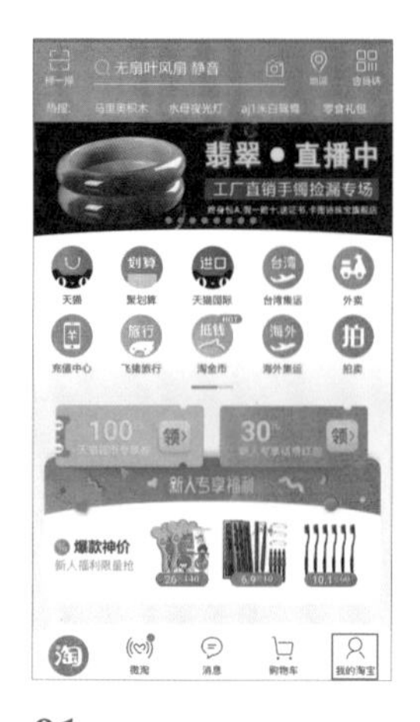

01

點選「我的淘寶」。

02

點選「退款／售後」。

03

進入退款／售後介面。

04

找到要確認的商品，並點選「查看詳情」。

05

確認商品退款成功。

CHAPTER

04

附錄

APPENDIX

ARTICLE

4-1

支付寶申請

Apply For Alipay

4-1-1 支付寶 APP 下載

4-1-1-1 iOS 下載

01

點選「App Store」。

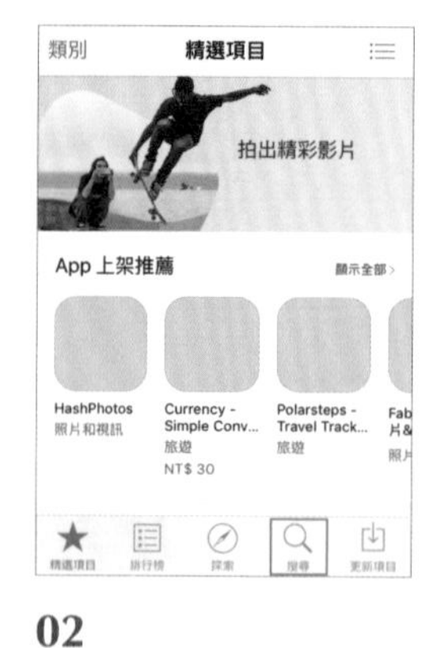

02

點選「搜尋」。

03

❶ 在搜尋列輸入「支付寶」。

❷ 點選「搜尋」。

04

點選「取得」。

05

點選「安裝」，等待下載安裝完成。

06

點選「開啟」，進入支付寶應用程式。

4-1-1-2 Android 下載

01
點選「Play 商店」。

02
點選「搜尋列」。

03
❶ 在搜尋列輸入「支付寶錢包」。
❷ 點選「Q」。

04
點選「支付寶錢包」，進入安裝介面。

05
點選「安裝」。

06
點選「接受」，等待下載安裝完成。

07
點選「開啟」，進入支付寶應用程式。

4-1-2 註冊帳號密碼

01

❶ 已有支付寶帳號者，可以直接點選「登入」開始使用。

❷ 沒有支付寶帳號者，可以點選「新使用者註冊」，進行註冊。

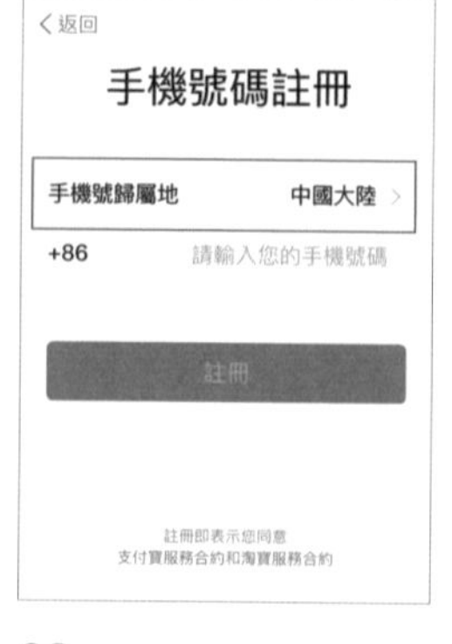

02

點選「手機號歸屬地」，進入選擇介面。

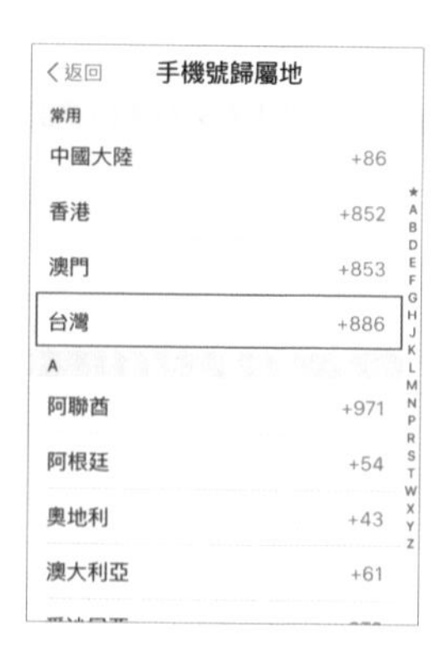

03

點選所在區域。【註：此以台灣為例。】

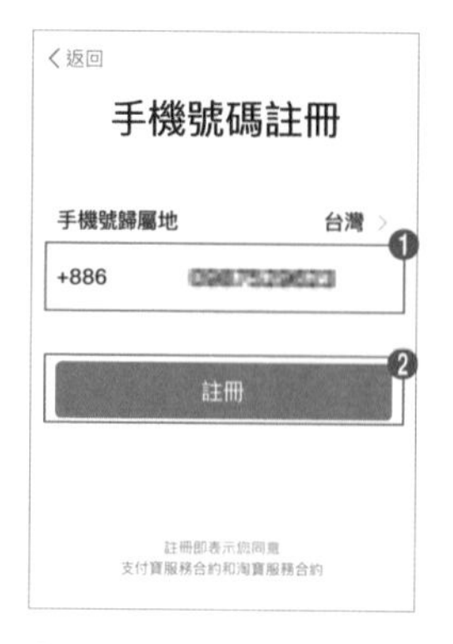

04

❶ 輸入手機號碼。

❷ 確認手機號資料無誤，點選「註冊」。

05

輸入收到的簡訊驗證碼。

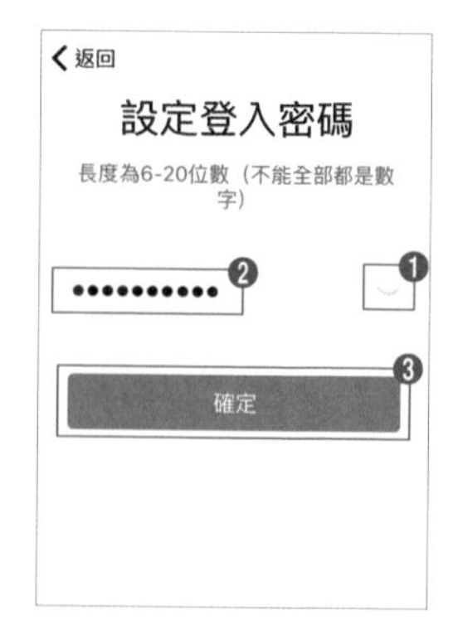

06

❶ 點選「﹋」，可檢視輸入的密碼。

❷ 設定登入密碼，為英數混合，至少六位字元。

❸ 確定無誤，點選「確定」，支付寶註冊完成。

4-1-3 支付寶實名認證

支付寶 APP 內有各種功能服務，但使用行動支付相關功能時，如付款、帳戶轉帳或送紅包等，必須先通過實名認證，才可以使用。

台灣民眾只要有台胞證、中國銀行卡和中國手機門號，並事先確認中國手機門號是申辦中國銀行卡所填寫的號碼，且確認手機可以接收來到自中國的簡訊驗證碼。

01

進入支付寶 APP 首頁，點選「我的」。

02

點選「設置」。

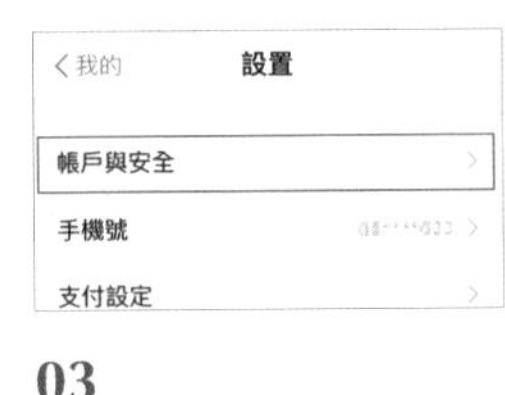

03

點選「帳戶與安全」。

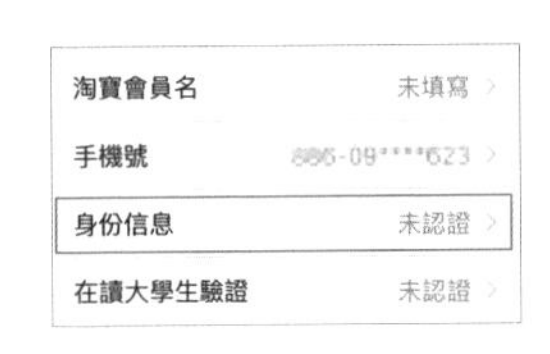

04

點選「身份（分）信息」，進入實名認證的介面。

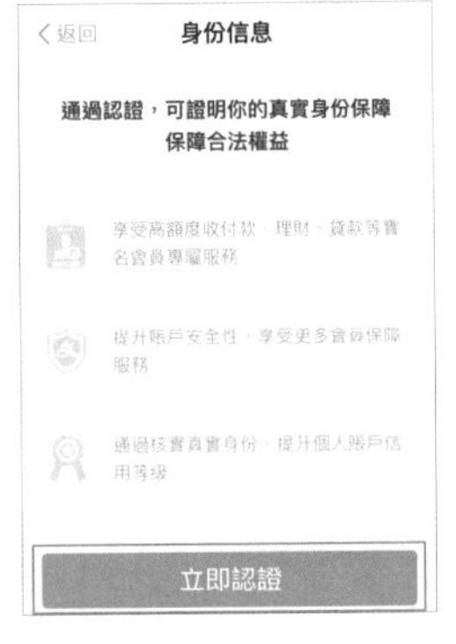

05

通過實名認證，可以提高收付款額度，也可以提升帳戶的安全性，確定要進行認證後，點選「立即認證」。

06

❶ 以手機 APP 或淘寶會員註冊時，因為過程中尚未設定支付密碼，此時介面會顯示「賬（帳）戶信息不完整」。

❷ 點選「點此補齊」，設定支付密碼。

07

❶ 設定支付密碼，為六位數字。【註：支付密碼用於付款、轉帳或儲值，務必熟記。】

❷ 點選「完成」。

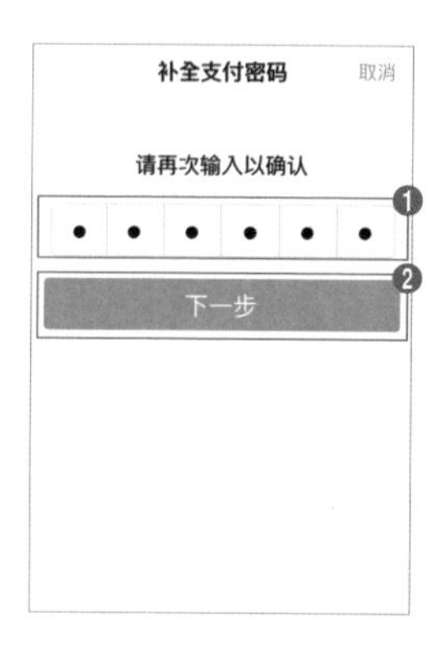

08

❶ 再次輸入支付密碼，系統以此確認設定的密碼無誤。

❷ 點選「下一步」。

09

支付密碼設定完成後，點選「立即添加」，進行銀行卡的驗證。

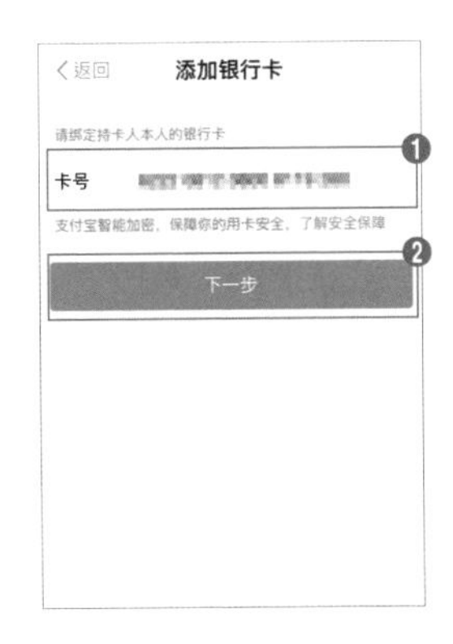

10

❶ 輸入中國銀行卡卡號。

❷ 確認無誤，點選「下一步」。

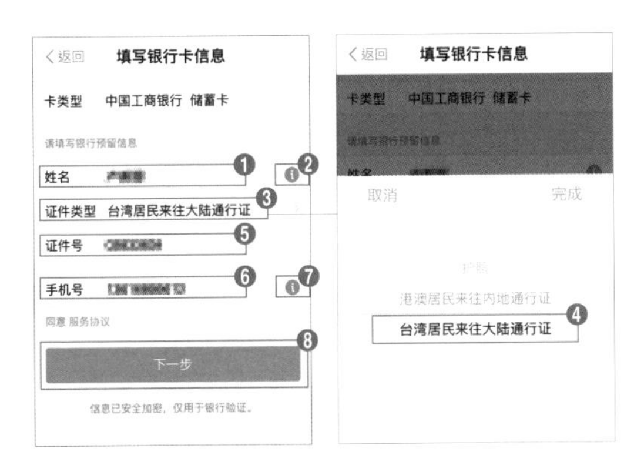

11

❶ 輸入申辦銀行卡所填寫的姓名。【註：姓名必須是簡體字。】

❷ 若持卡人姓名更改過，可以點選「ⓘ」參考支付寶的建議。

❸ 點選「證件類型」，系統顯示證件選項。

❹ 點選「台灣居民來往大陸通行證（台胞證）」，並點選「完成」。

❺ 輸入台胞證號碼，共八碼。【註：紙本台胞證八～十碼。】

❻ 輸入申辦銀行卡所填寫的中國手機門號，開頭為 1，共十一碼。

❼ 若忘記手機號碼或門號已停用，可以點選「ⓘ」參考支付寶的建議。

❽ 確認無誤，點選「下一步」。

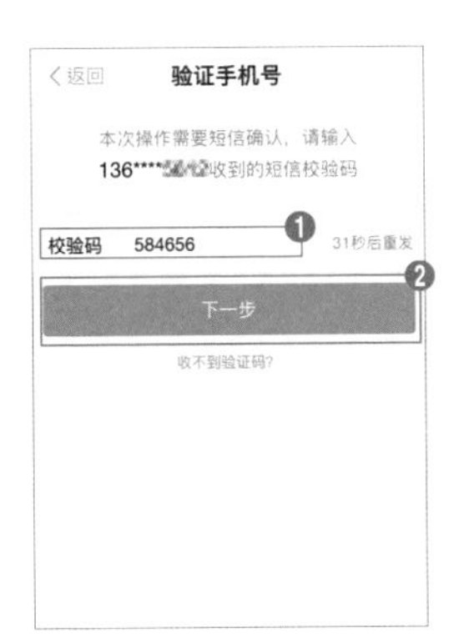

12

❶ 輸入收到的簡訊驗證碼。

❷ 確認無誤，點選「下一步」，介面顯示「快捷支付開通成功」，點選「確定」，支付寶實名認證完成。

ARTICLE

4-2

電腦版限定付款方法

Payment Method Of Pc Version

淘寶 APP 提供便利商店、信用卡等付款方法，而電腦版中還有提供 Web ATM 的匯款方式，也就是運用讀卡機在線上轉帳的方法，這種方式只須額外支付淘寶 1% 的手續費，且不用特地跑出門，是另一種便利的選擇。但用戶須注意的是，目前有限定提供此服務的銀行，並非所有的銀行都適用。

4-2-1　操作步驟

01　選擇結帳商品後，進入付款介面。

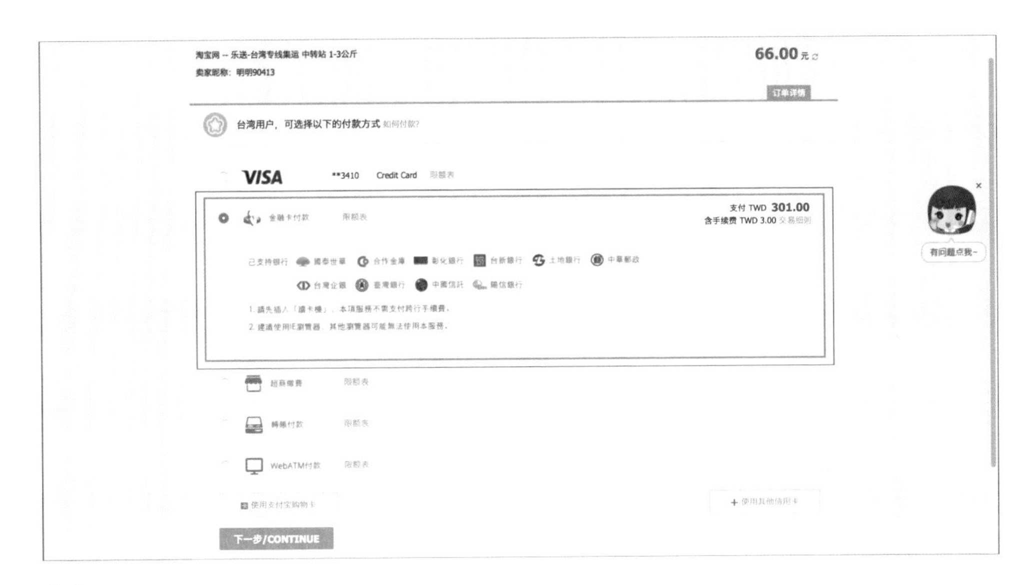

02 點選「金融卡付款」。

03 安裝晶片金融卡安控元件，點選「確定」後，系統會協助用戶安裝。【註：若用戶沒有特別移除，只須安裝一次，之後只要插入讀卡機及金融卡，系統就會自動讀取。】

金融卡付款

語言(Language)

繁體中文

歡迎光臨金融卡付款頁面

本交易採用SSL(TLS)網路交易安全機制

請於 558 秒內完成

商家名稱	Alipay Company Ltd
訂單編號	2018082107704107042
訂單金額	新台幣NT $301 元(含服務手續費1%)

付款方式：

04 進入金融卡付款介面，用戶須插入讀卡機及金融卡。

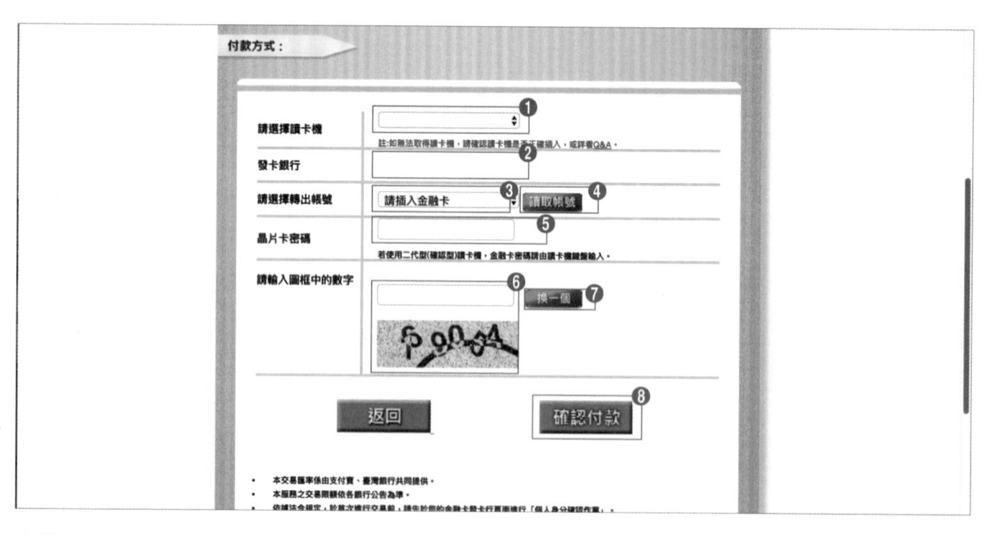

05 ❶ 插入後，系統會自動顯示讀卡機型號。

❷ 插入後，系統會自動顯示發卡銀行。

❸ 插入後，系統會自動顯示金融卡號碼。

❹ 若未讀取到，可點選「讀取帳號」。

❺ 輸入金融卡密碼。

❻ 輸入下圖中數字。

❼ 若看不清楚圖框中數字，可點選「換一個」。

❽ 點選「確認付款」。

06 系統跳出須拔出金融卡介面，用戶須拔出讀卡機中的金融卡。【註：30 秒內未完成拔出動作，交易會失敗。】

07 系統跳出須插入金融卡介面，用戶須將金融卡再次插入讀卡機中。【註：30 秒內未完成插入動作，交易會失敗。】

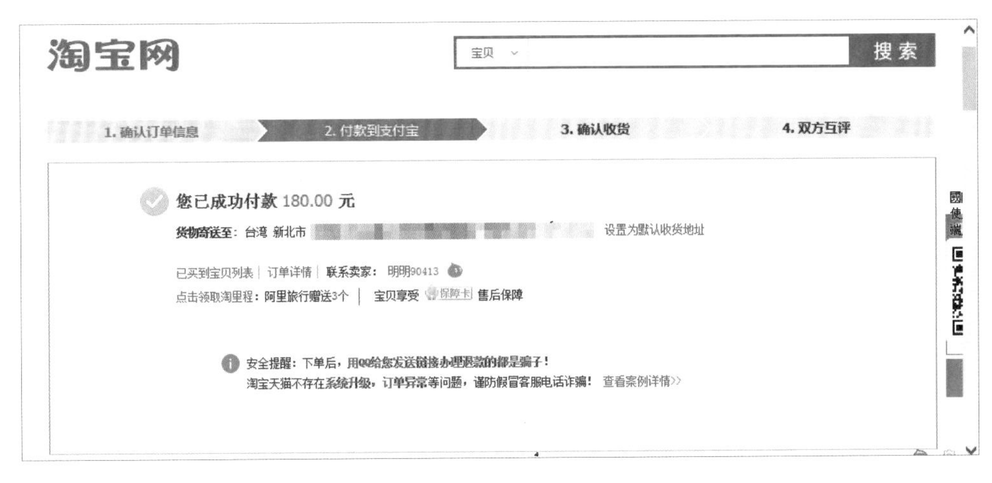

08 付款完成。

ARTICLE

4-3

私人集運

Private collection

除了官方集運的方法，私人集運也是用戶將商品運送至指定地點的做法，而這當中有什麼差別呢？

官方集運對於可集運的商品規定較嚴謹，所以有可能貨到官方集運倉後被退回店鋪，而私人集運相對來說靈活度較高，大部分的商品都可以接收後寄送回指定地點。

另外，部分官方集運的禁運品，如含電池、磁鐵商品，私人集運可用特貨的方式寄送回指定地點，但要注意並非所有的商品都能透過特貨寄送，如：槍、食品、醫療用品等不能寄送，所以若要寄送特貨商品時，建議先詢問私人集運的客服，以免吃上官司。

私人集運優勢

私人集運為非官方的店鋪提供的物流方法，在淘寶官方還沒建立集運倉之前，部分用戶會選擇使用私人集運，將商品運送至指定地點，主要有以下幾個優點。

商品不拒收

商品收貨規則較寬鬆，較少有拒收商品，但要注意，如果是要選擇特貨的商品，要事先詢問客服。

客服回覆迅速

官方客服回覆時間較長，相較私人集運只要是客服在線時間，都會即時回覆用戶問題。

包裹體積、件數無限制

私人集運不限體積，也不限件數，依照重量決定運費，相較於官方集運規定體積以及件數的限制下，較為彈性以及自由。

無保管時間限制

私人集運沒有保管包裹時間的限制，但官方集運只有 20 天免費倉儲期，如果超過 20 天，從第 21 天開始會加收人民幣 1 元的倉儲費，所以相較起來，用戶可以放置包裹的時間較長。

但雖然私人集運方便，用戶在選擇私人集運時，也要多加留意對方的評價、運作時間等，以免遇到店鋪消失、商品不見等狀況。

私人集運操作步驟

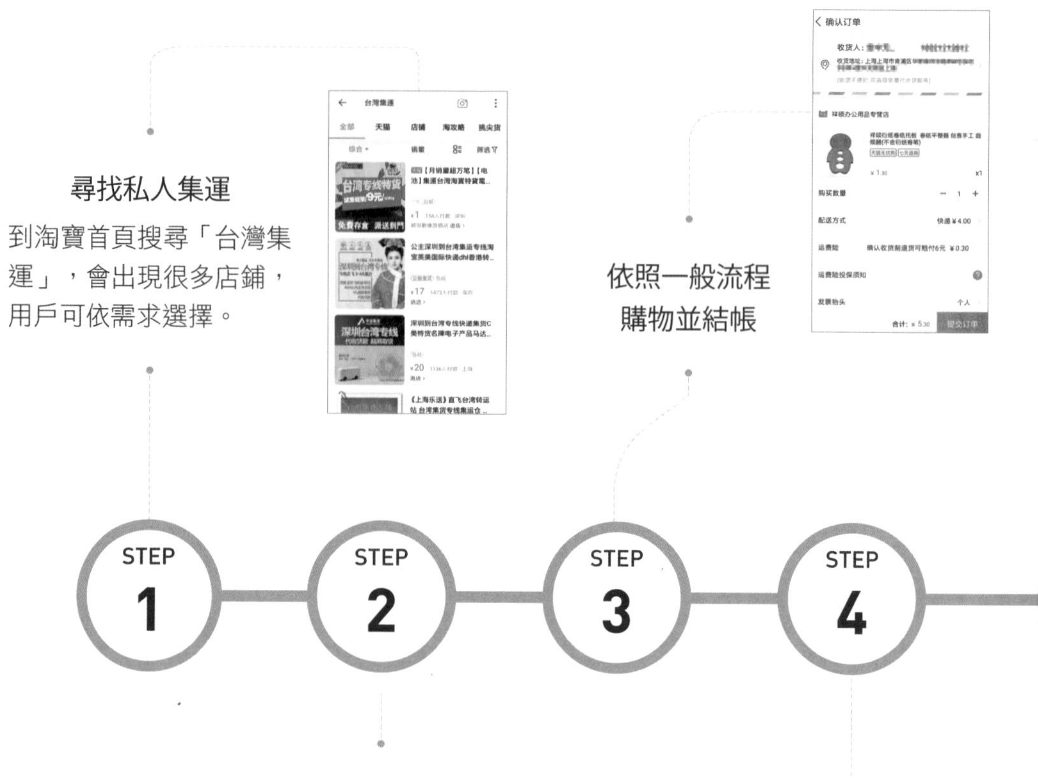

尋找私人集運

到淘寶首頁搜尋「台灣集運」，會出現很多店鋪，用戶可依需求選擇。

設定收貨地址

將送貨的地址設為店家提供的私人集運倉的地址。
收貨人設為集運店家名稱＋用戶淘寶 ID。
手機號碼輸入店家提供的電話。

依照一般流程購物並結帳

下載旺信 APP 並登入

私人集運的客服以旺信 APP 傳送倉庫收到的貨運單號（物流編號）及重量給用戶。

支付運費

將私人集運的客服提供給你的運費商品，依照重量下單並結帳。

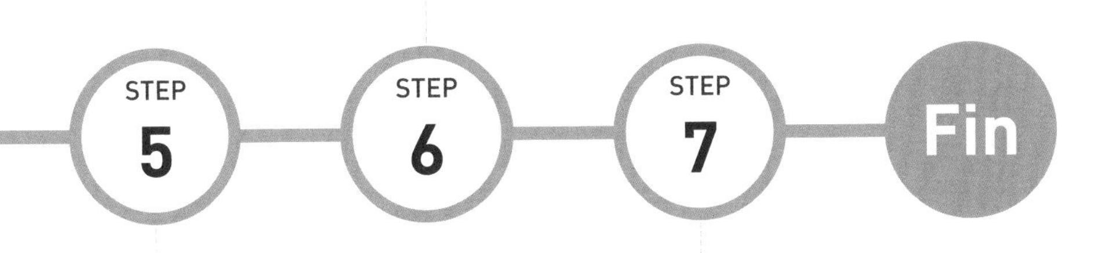

集運

將要集運的貨運單號整理給私人集運的客服，並和客服確認重量及運費。

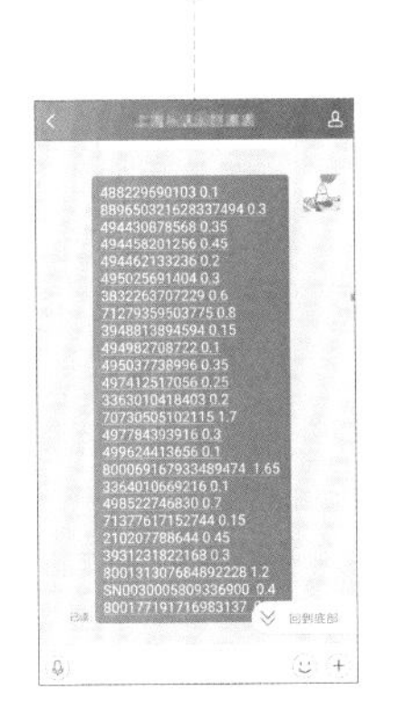

指定收貨地點

用戶須指定收貨地點，包裹就會寄送至用戶的指定地點。

ARTICLE

4-4

旺信 APP 下載

Wangxin App Download

4-4-1 iOS 下載

01

點選「App Store」。

02

點選「搜尋」。

03

在搜尋列輸入「旺信」。

04

點選「搜尋」。

05

點選「取得」，安裝 APP。

06

點選「開啟」，進入旺信應用程式。

4-4-2 Android 下載

01

點選「Play 商店」。

02

在搜尋列輸入「旺信」。

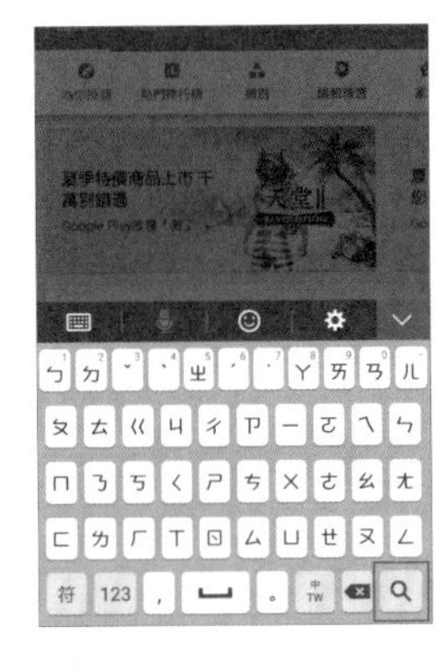

03

點選「🔍」。

04

進入安裝介面。

05

點選「安裝」。

06

點選「接受」，等待下載安裝完成。

07

點選「開啟」，進入旺信應用程式。

4-4-3 登入旺信

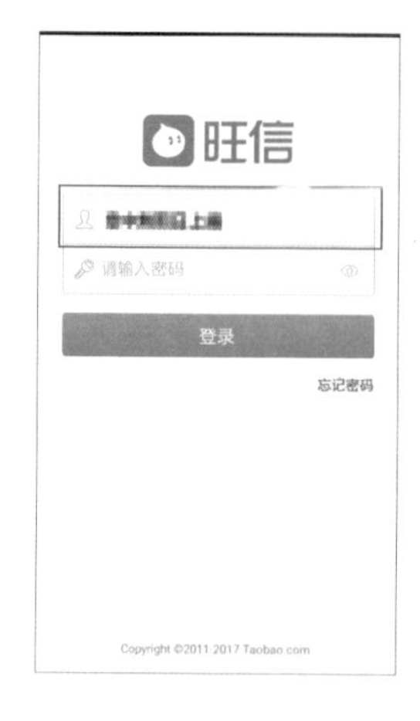

01

輸入「淘寶帳號或手機號」。

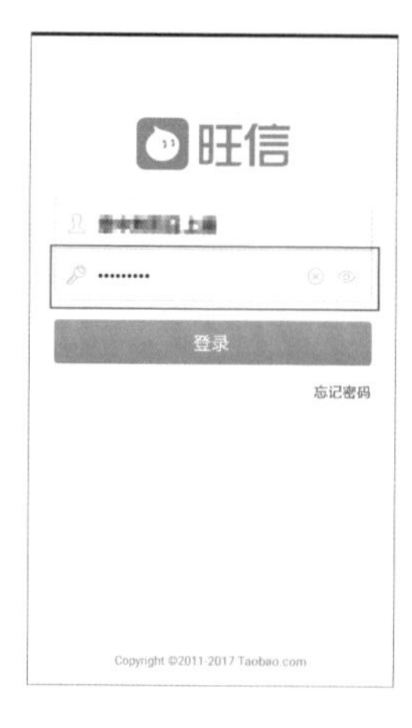

02

輸入密碼。

03

進入旺信，可與各店鋪客服溝通。

ARTICLE

4-5

常見問題 Q&A

Question & Answer

Question

01 帳號創立的方法？

淘寶的帳號創建須綁定手機號碼或使用帳戶名申請。

Question

02 付款的方法？

❶ **轉帳付款**：將金額轉帳到第三方支付（支付寶），等到收到商品之後，點選介面的「收貨」，支付寶就會將錢匯給賣家，完成交易。

❷ **便利商店代碼繳費**：用淘寶產生代碼拿去便利超商繳納費用，屬於沒有信用卡或VISA 卡的用戶可以使用的方式。

❸ **VISA 信用卡**：以刷卡的方式，支付商品費用。

❹ **找朋友幫忙付**：可將付款款項轉給朋友或親人，請對方代付金額。

❺ **WebATM 付款**：使用網路 ATM 轉帳須自備讀卡機，且此方法以電腦操作為主。

Question

03 淘寶的付款方式有什麼差別嗎？

淘寶有各種付款方式，用戶可依照個人需求及習慣付款，以下為比較表（以台灣為例）。

付款方式	信用卡	ATM 轉帳	代碼繳費	Web ATM
淘寶手續費	3%	1%	1%	1%
跨國交易手續費	1.5%	×	×	×
轉帳手續費	×	15 元	×	×
代收手續費	×	×	15 元	×

Question

04 還沒有收到貨，可以先按收貨嗎？

收貨是指已收到商品，在賣家出貨後就會出現收貨選項，然而點選後第三方支付（支付寶）就會將金額款項撥給對方，若還沒收到貨卻將錢給對方，對於商品在路上遇到突發狀況，是比較沒有保障的，因此切記要將物品確實收取後，再點選「收貨」。

Question

05 要怎麼退貨與換貨？

對於境外用戶，在購物後進行退換貨是較為麻煩的，因國際運費的昂貴，加上有可能購得的是較為廉價的商品，其實就不建議退回賣家，可以跟店家談補償金，但假如有需求仍可連絡賣家要求退貨。

Question

06 如果付錢拿不到商品怎麼辦？

淘寶有建立第三方支付（支付寶）的機制，是在結帳的同時將錢先保留在支付寶手上，等到買家收到商品時才會將購物金額轉給店家，所以不會有付錢拿不到商品的狀況發生，因為需要等到用戶按「確認付款」後，支付寶才會做匯款的動作。

Question

07 商品有包含運費（包郵）嗎？

有些店家會標榜滿額含運或單件含運，但其實絕大多數的店家包郵範圍僅限於中國境內。所以建議消費者在購買時要事先詢問，以免造成雙方誤會。

Question

08 大量購買同店鋪商品時可以議價嗎？

一般是可以，但要看店鋪是否已經有折價券的活動，或是用戶購買的商品量，未達店家議價的標準，這些會是影響議價幅度的原因。

Question

09 性能、品質、尺碼等商品相關細節怎麼確認？

大多數的商品會在商品介面介紹，用戶若是覺得不清楚或是有疑慮的話，可直接向店家提出疑問。

Question
10 商品有沒有存貨（現貨）？

有些淘寶的店主是代購或是擁有許多店鋪，所以有可能放上架的東西不一定會有存貨。所以透過旺信先詢問商品存貨量，以避免因為要調貨，加長等待商品的時間。

Question
11 商品發貨的時間會很久嗎？

下訂單後可以詢問店家什麼時候會發貨，大多數的店家都會在特定的時段讓物流公司收取商品，因此除了可以確認店家的發貨時間外，也能讓店家盡快發貨。

Question
12 私人集運的普貨和特貨的差別是什麼？

普貨就是不用特別申請就能運送的商品；特貨就是需要申請後才能運送的商品。

Question
13 禁運品是什麼？

禁運品為海關或航空公司規定不能寄送回指定地點的商品，如：動植物、食物、液體、藥品、仿冒品、武器、毒藥、爆裂物、光碟、3C 產品等。

Question
14 禁運品都可以用特貨寄送到台灣嗎？

只有部分的禁運品，如 3C 產品、耳機、含電池的商品、含磁性的商品等可以寄送回指定地點，但建議用戶在選擇商品，寄送特貨時，還是要先詢問店家客服，以免不小心吃上官司。

Question
15 如果使用私人集運商品寄丟，店家會賠嗎？

有部分私人集運會全賠，但有些不賠，所以用戶在選擇私人集運時一定要多加比較和查看其他用戶評價，並仔細詢問店家。

淘寶購物 手機版
操作攻略手冊

書　　名　淘寶購物操作攻略手冊（手機版）
作　　者　Cecilia、黃兆偉
發 行 人　程顯灝
總 編 輯　盧美娜
主　　輯　譽緻國際美學企業社 · 莊旻嬑
美　　編　譽緻國際美學企業社 · 羅光宇

藝文空間　三友藝文複合空間
地　　址　106 台北市大安區安和路二段 213 號 9 樓
電　　話　（02）2377-1163

發 行 部　侯莉莉
出 版 者　四塊玉文創有限公司
總 代 理　三友圖書有限公司
地　　址　106 台北市安和路 2 段 213 號 4 樓
電　　話　（02）2377-4155
傳　　真　（02）2377-4355
E-mail　service@sanyau.com.tw
郵政劃撥　05844889 三友圖書有限公司

總 經 銷　大和書報圖書股份有限公司
地　　址　新北市新莊區五工五路 2 號
電　　話　（02）8990-2588
傳　　真　（02）2299-7900

三友官網

三友 Line@

初　　版　2018 年 9 月
定　　價　新臺幣 320 元
ISBN　978-957-8587-43-4（平裝）

國家圖書館出版品預行編目 (CIP) 資料

淘寶購物操作攻略手冊（手機版）/ Cecilia,
黃兆偉作．— 初版．— 臺北市 ：四塊玉文
創，2018.09
　面；　公分
ISBN 978-957-8587-43-4（平裝）

1. 電子商務 2. 網路購物

498.96　　　　　　107014858